食卓から
アサリが消える日

三輪節生

はじめに

　今日は何を食べようか……。お金がそれなりにあって、食品スーパーなどで食材も比較的幅広い選択肢のなかから選べる。そんな環境で暮らす人々は、幸せかもしれません。でも、これまで手軽に入手できた食材が、急に高くなったり手に入らなくなったりすることになるかもしれません。私たちの命をつなぎ、おいしさや季節感を味わえた魚や貝が消えようとしています。海や川、山の環境が、激変。お金では、買えない自然の恵みが失われつつあります。環境の変化は、私たちが交通の便利さや「生活の豊かさ」を求めて経済活動を進めた「つけ」とも言えるのではないでしょうか。お金が十分なくとも、魚釣りや潮干狩り、山菜採りなど少し努力をすれば自然の恵みで夕飯のおかずを確保できた時代が、過去にはありました。私たちは、そんな環境をないがしろにしたのではないか。そんな思いが頭から離れません。

　二〇一三年十二月初めに、和食の文化がユネスコ（国連教育科学文化機関）の世界無形文化遺産に登録されました。アゼルバイジャン共和国のバクーで開かれたユネスコ無形文化遺産保護条約の第八回政府間委員会で、日本の伝統的食文化の登録が認められたのです。寿司などの日本料理が、健康によいなどの理由で海外でも人気があることから歓迎すべきことかもしれません。言いかえれば「遺産」に登録されないといけないほど、日本国内では課題が多いとも言えるのでしょう。

和食は、「一汁三菜」が基本とされます。つまり煮物や焼き魚などおかず三品に味噌汁か吸い物を、ご飯といっしょにいただくというメニュー(献立)。減塩の食事が必要な場合は、味噌汁を控えることもあるかもしれません。お椀《わん》の中にはアサリやシジミ、野菜、海藻が入ることが多いようです。

それぞれの地域や家庭によって流儀や習わしがあります。海沿いの地域では、貝や魚を入れることで、味もよく定番になっているはずです。吸い物の場合、魚や二枚貝のハマグリというところでしょうか。

ですが、アサリやハマグリがたくさんとれていた干潟や浅瀬が、太平洋戦争後の半世紀あまりの間に、経済復興や高度経済成長期の開発で次々に埋め立てられたり、干拓地が造成されたりして激減。水質の悪化などから水揚げが減ってしまいました。

環境の激変は海だけではありません。田んぼや小川、里山も、戦後の貧しい時期に山の幸や川の恵みで私たちの暮らしを支えてくれた、懐かしささえ覚える自然は、どこもすっかり変わってしまいました。童謡の「春の小川」や「ふるさと」などに登場する、のどかでゆったりした空間は、「絶滅危惧種」的な存在になってしまいました。

戦後、経済優先の国策が続けられ、食卓にささやかな恵みをもたらしてくれた自然の環境は、ほとんど消失。たとえば、田んぼの周りの水路は、土手がある構造だったのが、コンクリート三面張りで遠くの河川から揚水ポンプなどで送られてくる仕組みに変わってしまいました。このことで、水路と田んぼの間を行き来して命をつないできたドジョウやナマズ、メダカ、フナなどの姿がすっかり見られなくなりました。いずれもコメづくりとの関係が深い生き物たちです。

農林水産省は、和食文化が世界遺産に登録されたことを受けてホームページなどで和食についてのPRをしています。そのなかで和食の特徴として四点を挙げています。

（1）多様で新鮮な食材と素材の味わいを活用
（2）バランスよく健康的な食生活
（3）自然の美しさの表現
（4）年中行事との関わり

としています。ホームページには「Respect for nature」（自然への敬愛）とうたっています。しかし、農水省を含めた国のさまざまな事業を振り返ってみると、自然への愛というか、自然の仕組みを無視して交通の便利さやものづくりの効率だけを考えた、設計思想に基づく事業が展開されてきたと言えるのではないでしょうか。もちろん交通の便はよくなりました。病気になった場合や買い物の便が良くなって、安心して暮らせるようになった道路建設や架橋の工事もあったことでしょう。しかし、海を埋め立てたものの予定していた企業が立地しないままの工場用地や荒れたままの干拓地もあるのも現実です。

子供たちや家族連れで魚取りや潮干狩りを楽しめなくなった場所も数多く見受けられます。魚介類の水揚げが激減し、手入れの行き届かない里山も目立ちます。地域によっては竹林の手入れが行き届かず、災害の危険もある場所もあります。

また「和食の文化が危機にある」と、私を含めて多くの人々が感じているのは暮らしのあり方も、そうではないでしょうか。仕事に追われたり、極端なスタイル美を追求するためダイエットしたりなどで、栄養のバランスのとれた食事を忘れがちです。朝食を抜いて学校に通ったり肥満気味になったりする子どもが多いと言われます。二〇〇五年に制定された「食育基本法」では、「子どもたちが豊かな人間性をはぐくみ、生きる力を身に付けていくためには、何よりも『食』が重要である」とうたい、「豊かな緑と水に恵まれた自然の下で先人からはぐくまれてきた、地域の多様性と豊かな味覚や文化の香りあふれる日本の『食』が失われる危機にある」などと指摘しています。食事の時に欠かせないお茶、とくに緑茶についても、茶葉にお湯を注いでいただく機会が減ったと言えます。便利なペットボトル入りのお茶が、自動販売機で買えるため、ついつい利用してしまいます。九州のお茶の産地・福岡県八女市では、小学生を対象においしいお茶の入れ方教室を開いているそうですが、お茶を入れる道具の急須を置いていない家庭もあると聞いたことがあります。さらに台所に出刃包丁や刺し身包丁がない家庭が多いのも、確かなようです。魚をおいしく、無駄なく食べるには、釣ったものや農林水産物の直売所で買ったのを自分で上手にさばくのが一番ですが、料理の道具と腕前が欠かせません。めでたい時にいただくマダイは、刺し身だけでなく煮付けや潮汁、骨の付いたのをあぶって酒に浸す「骨酒」など、いろいろな食べ方を楽しめますが、魚をさばく場所や道具がない家庭では、新鮮でおいしいタイをもらっても鮮魚店に持ち込むか、知人に調理を頼むしかありません。今では数が減っているかもしれませんが、結婚が決まった後、男性の側から相手の女性の家庭にあいさつにうかがう時、マダイを贈る風習がある地域もあります。でも、贈られた家庭が喜んで魚をさばいてごちそうを楽しめるとは限らないようです。

新聞社で取材活動をしていると、自分の生き方や報道のあり方が問い直されるテーマや事件、事故にぶつかることがあります。勤務地を離れても、「あの人は、どうなったのか」「あの地域は、今どうなっているか」と、気になるものです。私の場合は、いろいろありましたが、長崎県諫早湾の国営諫早湾干拓事業がいちばんです。一九九七年四月十四日に諫早湾奥部への潮流をストップさせる潮受け堤防の閉め切り工事の現場で取材。その後、日本一の広さの諫早湾干潟が干陸化していくようすと農地が造成される過程を追いました。干潟が乾燥して、「無数の貝の白い墓場」が、蜃気楼のようになったシーンが、目に焼き付いて頭から離れません。魚や貝をはぐくんだ干潟の生産力の高さを目の当たりにした瞬間でした。諫早から転勤した後も、十五年間、諫早に通い続けて変化を見つめてきました。そのほかの勤務地でも、さまざまな人々とおいしい食材や料理に出会いました。食材を通して味覚や安らぎを恵む、身近な環境について、考えてみたいと思います。

私（筆者）は、二〇一三年八月に、四十二年間続けた新聞記者の仕事を退職しました。取材や多くの人々との交流を通して、ご教示いただいた、知識や経験を記録しておきたいと考えました。自然の恵みの大切さを子や孫たちの世代の皆さんにも伝えたいとの願いもあります。

二〇一五年三月

三輪　節生

食卓からアサリが消える日◉目次

共生への道を探る

失われゆく干潟の恵み

◆干潟の減少とアサリ

みなさんの朝の食事はパンですか。それとも、ご飯にみそ汁の方が多いのでしょうか。ご飯であれば、みそ汁の中身は貝か野菜でしょうか。アサリ貝のみそ汁もおいしいが、外国産の場合もあります。気になって調べてみたことは?

アサリやハマグリは古くから食料として親しまれてきました。古代の人々の暮らしをしのばせる貝塚から出土する貝の種類も、アサリやハマグリが多いということです。遠浅の海に囲まれた地域で、手っ取り早く手に入ったためでしょう。今でも、春先の大潮の時などに家族連れで楽しめる潮干狩りでおなじみの貝です。海沿いに育った年配の皆さんは、必ずと言ってもいいほど、潮干狩りの体験の思い出があるはず。潮干狩りの魅力にはまってしまった方もいるようで、音楽の演奏の傍ら貝や海の研究を続け、潮干狩りの楽しさを本にまとめた人もいます。

ずいぶん前に取材でお世話になりましたが、専門家も顔負けです。

農林水産省がまとめた統計を見ると、一九五七年（昭和三十二年）の貝類の水揚げは、アサリが八万六九三二トン、ハマグリが二万五三六一トンを占めていました。十年後の一九六七年には、アサリは一二万一六一八トンと増えましたが、逆にハマグリは六一九六トンに減ってしまった。アサリやハマグリがたくさんとれていた干潟は、戦後の半世紀あまりの開発で次々に埋め立てられたり、干拓地が造成されたりして激減。水質の悪化などの影響もあり、水揚げが減ってしまいました。ごく当たり前だった自然の恵みは、いつの間にか遠のいてしまったのです。

アサリ

アサリは、一九八六年に一二万六八二トンの水揚げがあり、十万トン以上の漁獲が約四半世紀続きましたが、一九八七年は九万九五一七トン。それ以降、急に減少に拍車がかかったのです。二十一世紀に入ってから落ち込み方がひどく、二〇〇一年のアサリの水揚げは三万一〇二二トン、ハマグリは一二四五トンにまで減少。二〇〇六年の八六七トンを最後にハマグリは、統計記録に残されないほどになりました。国内で消費されるハマグリの約九割が中国などからの輸入に依存しているとされます。

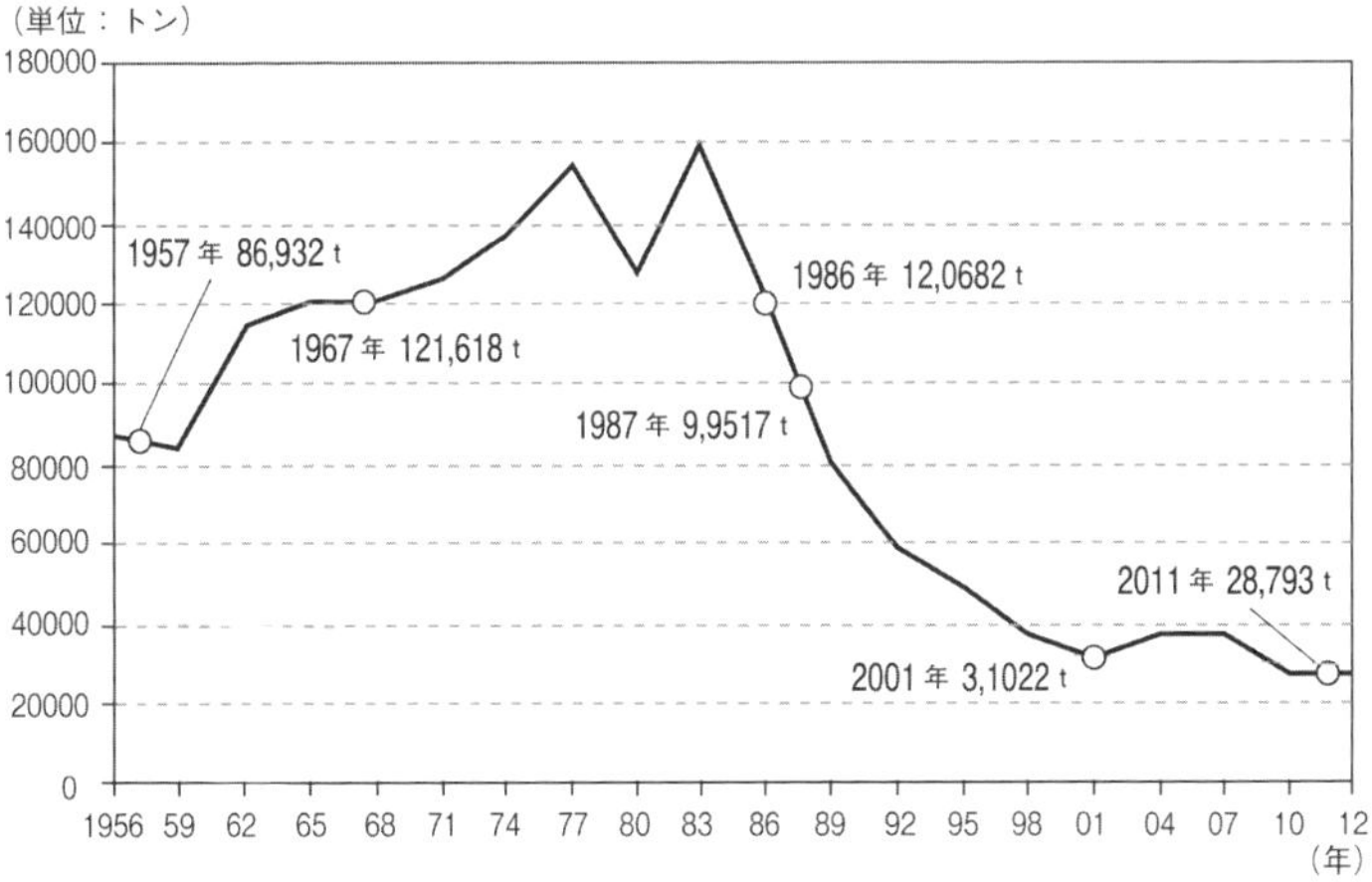

アサリの漁獲量推移

注：農林水産省の統計を参考に作成

一方、二〇一一年のアサリ水揚げは二万八七九三トン。主産地は愛知県や千葉県などで、内湾に干潟がある地域です。有明海に面した熊本県では一九七七年に約六万五〇〇〇トンもありました。それが二〇一一年には一四九六トンまで減ってしまいました。福岡県は二〇一一年に四七四トンでした。（数字はいずれも農林水産省の統計から抜粋）。

減った要因は、干潟が埋め立てなどによって減ったことが挙げられます。さらに環境の悪化に加えて、食生活が変わって貝類が食卓にのぼらず、貝を採る人々が高齢化したなどの理由もあるかもしれません。

環境省の調べによると、干潟の面積は一九七八年度に全国で五万三八五六ヘクタール、一九九五年から九六年度にかけての調査では四万六八三八ヘクタールに減少。沖縄県を除く九州では、同じ時期の比較で三万六九二四ヘクタールから三万二一七〇ヘクタールに激減しました。約三〇〇〇ヘクタールもの干潟があった諫早湾奥部を淡水化し、干拓する諫早湾干拓事業は、干潟の減少をさらに加速させたことになります。

暮らしのスタイルが変われば、食事のメニューも変わっていくのが、成り行きかもしれません。しかし長い時間をかけて、私たちの祖先が築いてきた和食の文化は、健康な体をつくるのに役立つ効果があったに違いありません。突然ですが、漢和辞典で「膳」という言葉を調べると、「たっぷりゆとりのある食事」（『学研漢和大字典』学習研究社）という意味と書いてあります。かつては食事をする時に料理を盛る台を「お膳」として使っていました。映画などで昔の結婚式のシーンに登場する生活用具です。かつての膳には、自然の恵みがいっぱい盛りつけられたことでしょう。

アサリやハマグリの資源量の減少は、ほかにおいしい魚介類があるから心配ないと言えるのでしょうか。深刻な影響があることを肝に銘ずべきです。アサリなどの二枚貝は、海水に含まれる有機物など栄養分をこしとって成長します。水を浄化してくれる貴重な生き物なのです。一個のアサリが一日に一〇リットルの水を浄化するとも言われるほど。干潟にすむカニや「海のミミズ」とも言えるゴカイも同じような存在で、「底生生物」（ベントス）とも言われます。これらの底生生物を人や鳥が食べることで、干潟の有機物が外に運ばれます。「物質の循環」で、きれいな環境が守られるというわけです。もうひとつの影響は、貝の幼生は魚のえさになるという点です。干潟を含む水深の浅い海や河口の汽水域は、さまざまな生き物が生まれる場所でもあります。卵からふ化した稚魚は、貝やカニの幼生やプランクトンをえさにして大きくなるのです。だから身近な水域から貝が消えていくのは、私たちの暮らしにとって重大な危機なのです。

アサリは砂と泥が混じった河口の干潟にすむことが多い。九州の有明海では、かつてアサリがたくさんとれる干潟が各地にありましたが、いまは水揚げも少なくなっています。九州農政局の統計資料によると、有明海は国内のアサリ貝の主産地のひとつでした。特に熊本県や福岡県での水揚げが多くを占めていました。有明海沿いの福岡、佐賀、熊本、長崎四県の水揚げを九州農政局がまとめた資料では、一九八九年には有明海全体で八九七四トン。このうち熊本県が六八九六トンでした。一九九五年には、この四半世紀では最も多い一万一一〇五トンの水揚げがありましたが、福岡県産が六〇九五トン、佐賀県産が三二七五トンを占め、熊本県産は四一二トンと極端な不漁でした。それが、二〇一二年には有明海全体で一五五六トンに激減。このうち熊本県産が一〇五九トンを占めました。

アサリは塩分濃度の変化に敏感で大雨が続いた後、河口近くの漁場では、塩分濃度が低くなったことで大量死がよく発生するといわれます。アサリの資源減少は、ふ化した幼生が海底に定着して育つ環境が減ったためと指摘する研究者もいます。潮流の変化や海底の環境変化で、浮遊する幼生が海底にすみつきにくくなったというわけです。二〇〇〇年度の有明海でのノリ

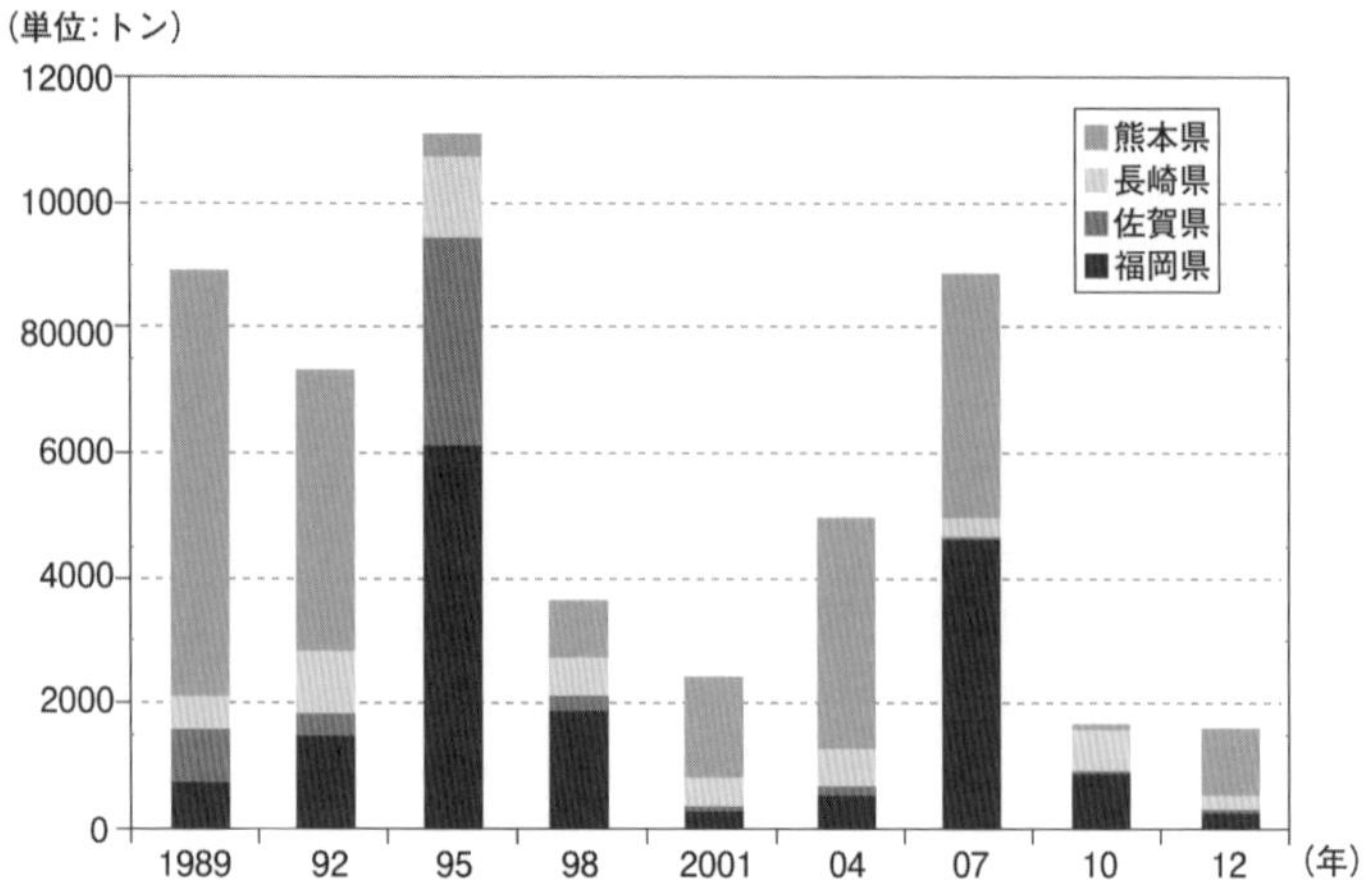

有明海のアサリの漁獲量推移

注：九州農政局の統計を参考に作成

の大不作や魚介類の不漁が続いたことを受けて、有明海の再生を目指す国の事業の中で、アサリの資源を増やすために泥っぽくなった海底に砂をまいて漁場を再生する覆砂《ふくさ》事業が進められました。一時的に効果は出ましたが、アサリの資源が劇的に回復したとは言えない状況が続いています。

潮干狩りができる場所も減ってきました。瀬戸内海沿いでも、工場用地造成などのため海が埋め立てられ、干潟が消えたことなどでアサリがとれなくなりました。特に山口県内では、年間の水揚げが二〇一一年の統計では一二トンという状況です。とれているのは県東部の離島のエビ養殖場跡地で資源を大切にした結果でした。

アサリの資源減少に拍車をかけている、もう一つの要因は、天敵の存在です。ナルトビエイという黒いエイが、鋭い歯でアサリを食べてしまうのです。もともと水温が高い南の海の魚ですが、地球温暖化の影響で有明海や瀬戸内海で増えているということです。

このため国の費用助成を受けて漁協などがナルトビエイを駆除しています。このエイは、食べられますが、とった後の処理のしかた次第ではアンモニア臭があり、食材として大量に流通するまでに至っていません。

◆汽水域の変化で減少するシジミ

シジミは、みそ汁の材料として古くからなじみの深い貝ですが、河川の環境悪化や海水が少し混じった湖の開発などで一九八〇年代以降は、漁獲量が減り続けてきました。肝臓の働きを助けるオルニチンやアラニンといったアミノ酸の成分を含み、昔から疲労回復や酒の二日酔いに効果があるとして重宝されています。また健康によいとして、近年はテレビのＣＭで取り上げられていますが、資源量は減っています。漁業権が設定されていない河口などでは、規制がゆるいため資源管理がうまくいかないケースもあるようです。

国内で生息するシジミは、もともと三種類とされます。その一方、輸入された外国産のシジミが野外で繁殖。それをとって出荷するケースもあります。食卓にのぼるシジミの大半は、ヤマトシジミで海水と淡水が混じり合う河口などの汽水域にすんでいます。ほかに田んぼの周りの小川など淡水にすむマシジミと琵琶湖特産のセタシジミがいます。日本列島には、大きな川が各地にあり、河口部は、川が運んだ森の栄養分が豊富でさまざまな生き物をはぐくんできました。海と川の上・中流域の間を行き来して命をつなぐアユやウナギなどの魚も数多くいます。さらに海水が流入して淡水とまざりあった汽水性の湖も。ヤマトシジミは、そんな環境で育って、魚のえさになったり、太古の昔から食材として漁獲の対象になったりしてきました。シジミのえさは、植物プランクトンなどの有機物です。アサリなどと同じく二枚貝の仲間には水中の有機物を体内に取り込んでえさにした上で水をきれいにする「浄化作用」があります。そんなシジミですが、農林水産省の統計データを見ると、一九五六年に全国で一万三五五三トンの水揚げがありました。その後の経済成長も手伝って増え続け、一九七八年には五万一一九九トンを記録。その後、次第に減って二〇〇八年には一万トンを下回り、二〇一二年は七八三九トンに減りました。

国産のシジミの約四割がとれる島根県の宍道湖は、日本海に面した鳥取県境港市の境水道から中海を通して大橋川という運河のような水路を経由して海水がまじる汽水湖。宍道湖には、中国山地から出雲平野を流れる斐伊川が注いでいます。砂鉄を原料にした製鉄で古くから知られる地域です。宍道湖の平均的な塩分濃度は〇・三パーセント前後。海水（塩分濃度三・五パーセント）の十分の一程度とされます。農林水産統計をもとに宍道湖漁協がまとめた統計資料によると、一九六三年（昭和三十八年）のシジミ漁獲量は二九九八トンにすぎませんでした。

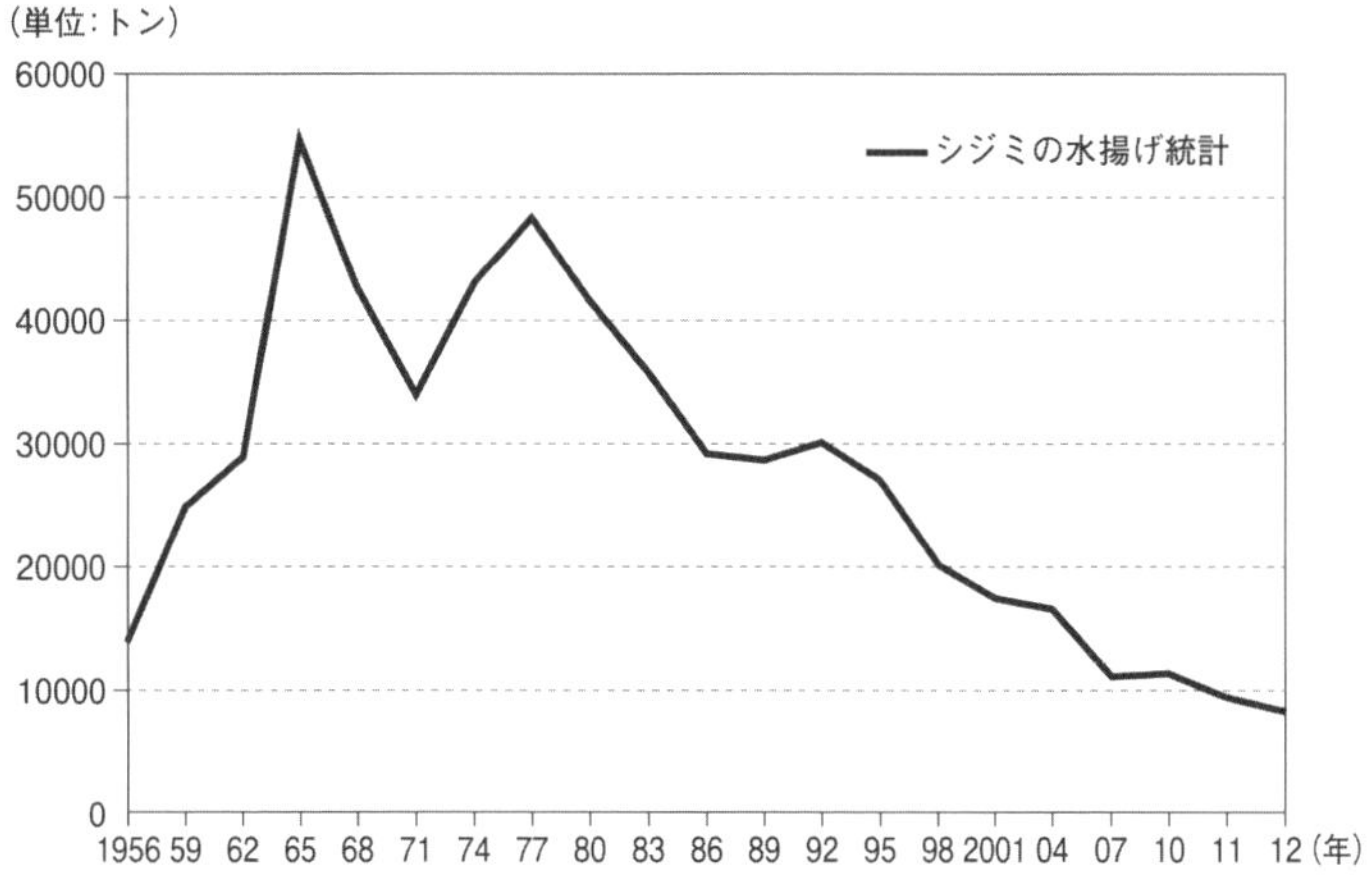

シジミの漁獲量推移

注：農林水産省の統計を参考に作成

当時のシジミ主産地は、茨城県などを流れる利根川で一九六五年に三万一一四〇トン。一九七〇年には三万七九五五トンで全国生産量（六万一〇六一トン）の半数以上を占めていました。ところが一九七一年に利根川産は、一万六四四四トンと半分以下に。逆に宍道湖産は、一九七一年に四一七八トンだったのが、翌年の一九七二年には約四倍の一万六三〇〇トンに急増。一九七三年には一万九二三四トンにまで増えました。霞ケ浦産や利根川産が減少。その資源回復のための貝が宍道湖から送られたとのことです。霞ケ浦の水位調整という名目で、利根川下流部に一九六三年に、海水のそ上を防ぐ巨大な水門が設けられた影響で、海水と淡水が混じり合う汽水域でなくなった影響と考えられています。

　宍道湖は、ウナギやスズキなどもとれる豊かな湖でしたが、魚の水揚げは、採算に合わないなどの事情もあるのか、激減しました。和紙で包んで蒸し焼きにする「奉書焼き」が名物のスズキは二〇一三年に二〇トン（一九七五年は三二六トン）、てんぷらなどでおいしいハゼが五・二トン（一九七九年は六九〇トン）に減ったのです。

海水と淡水が混じり合う汽水域は、河口の干潟や湖がある場所で、魚介類がよく育つ一方で、産業を振興するねらいで埋め立ての対象に選ばれることが多い。戦後の高度経済成長期には、各地で農地拡大のための干拓事業や工場用地造成の埋め立てが計画されました。流量が豊富な河川では、農業用水や工業用水確保のために河口堰《ぜき》が造られました。島根県でも中海と宍道湖を淡水化し、中海の本庄地区に干拓地を造る農水省の計画が一九六三年にスタート。中海沿いの本庄校区に約二二三〇ヘクタールの農地造成と既存の農地の用水を確保するねらいだったのですが、宍道湖のシジミ漁への影響が大きいことや、農業の採算性を疑問視する声、宍道湖や中海の水質悪化の不安を指摘する声が広がりました。このため二〇〇〇年に本庄工区干拓事業の中止が決まりました。さらに二年後の二〇〇二年には中海と宍道湖の淡水化計画も中止に。これを受けて中海を淡水化するために松江市江島と鳥取県境港市との間の境水道に設けられていた中浦水門が二〇〇五年から二〇〇九年にかけて撤去されました。

宍道湖のシジミ漁は、地域資源を守ろうという漁民の皆さんの強い意思で維持されています。宍道湖漁協は一九七三年からシジミの漁獲を自主的に制限する取り組みを続けています。当初は一日に一人あたり五〇〇キロでしたが、五年後の一九七八年七月から一日一五〇キロ以下で四月二十日から十月末までは午前中だけ漁をするようにルールをまとめました。その後、漁に出る日数を制限したり、資源を保護するための禁漁区を設けたりしました。島根県の漁業調整規則では水揚げするシジミの大きさを殻長一〇ミリ以上としていますが、宍道湖漁協では一九八九年から一一ミリ以上としました。二〇一四年時点では、一日あたり一人コンテナ二個分（約九〇キロ）。しかも、シジミの産卵時期にあたる五月から八月までの期間中、ジョレンという道具を手で動かして漁をする場合は三時間、機械での場合は二時間です。それに加えて毎週の操業日数を火曜日を含めて四日制にしています。ほかに湖の底の環境が貧酸素（酸素不足）にならないように鉄製の道具で耕す活動もしています。

松江市にある日本シジミ研究所を設立した中村幹雄さんが二〇一一年に、公益社団法人日本水産資源保護協会（東京）の依頼でまとめた『わが国の水産業・やまとしじみ』という冊子にシジミのことが詳しく書かれています。干拓や河口堰《ぜき》の建設で汽水域が減ったことで国内ではシジミの漁獲が激減したことを指摘しています。その一方で、各地の漁業者らが資源を保護しながら漁を続けるために、自主的に一日の漁獲量を規制するなどの取り組みも紹介しています。

それによると、かつては関東平野の利根川と秋田県の八郎潟、島根県の宍道湖がシジミの三大主要産地と呼ばれていましたが、利根川は河口堰で八郎潟は干拓でシジミ資源が激減。その結果、シジミの価格も上がったということです。冊子に添付されたシジミの漁獲統計には、利根川でのシジミ水揚げが示してあります。それによると、一九六五年に三万一一四〇トン、一九七〇年には三万七九五五トンだったが、一九七一年には一万六四四四トンに急落。その後二万トン台に回復した時期もありましたが、一九八二年以降は一万トンを割って激減。二〇〇〇年には一四一八トン、翌二〇〇一年には一五九トン、二〇〇九年にはわずか三トンになったと記しています。

河口堰建設によって汽水域が消滅した結果、シジミの産卵場だけでなくほかの数多くの魚介類の生息環境が失われました。茨城県内で利根川とつながっている霞ケ浦の再生などの環境保護活動をしているNPO法人アサザ基金によると、霞ケ浦はかつてウナギ漁で有名だったということです。

話題をシジミに戻しましょう。開発で豊かな資源を失った地域がある一方で、地道に資源管理をしながら漁を続けているところもあります。青森県の津軽半島北西部にある汽水湖・十三湖を漁場とする「十三漁協」などです。十三湖は、世界自然遺産として登録されている白神山地や岩木山からの水を集めた岩木川が流れ込む湖。最も深いところで三メートルとされます。以前からシジミ漁で知られていましたが、二〇一一年の農林水産統計で十三湖を含む青森県のシジミ漁獲量が三六七二トンで島根県の二三五八トンを上回って都道府県別で全国一位になったことで注目されました。それまで宍道湖産のシジミで島根県が全国で一番でした。

十三漁協は、環境を大切にしながら漁をしていることの認証を受けたラベルを貼ってシジミを出荷しています。審査するのは日本水産資源保護協会。十三漁協が、この協会に提出した資料によれば、シジミの産卵期となる七月から八月にかけて一カ月間程度休漁するなど自主規制をしています。十三漁協を含めて十三湖でのシジミ漁獲量は二〇一一年に二四一二トン。この年の宍道湖産は二二〇〇トンでした。

九州のシジミ産地は少ないですが、福岡県大川市や佐賀市で有明海に注ぐ筑後川が主産地になっています。一九八七年に八六四トンの漁獲量があるなど一九八〇年代後半は、比較的水揚げが多かったのですが、その後減少傾向が続きました。二〇〇九年は一五九トンに。筑後川でのシジミ漁は、アサリなどの不漁でシジミ漁に切り替える漁師もいます。アサリよりシジミの方がましという考えからです。柳川市や大川市の漁師が主体で、減った要因は、漁師の高齢化や乱獲のほかに、ヒラタヌマコダキガイという二枚貝の増殖の影響が指摘されています。ヒラタヌマコダキガイは、外国から輸入されたアサリなどに混じっていたと考えられ、食用の貝類を有明海に放流した影響とされます。

筑後川のシジミ漁
（大川市）

有明海沿いでは、ノリ養殖の漁民の主張が受け入れられやすい傾向があるため、シジミの資源保護のための自主規制ルールは検討されていない状況です。福岡県の場合、殻長が一センチ以下のシジミ漁を禁止している程度で、漁業権が設定されていない小さな河川の河口では、漁をするのは自由とされます。

そんな中で大川市は二〇一一年から殻幅が一・四センチ以上の大きなサイズの黄金色のシジミを「貴水シジミ」と名付けて売り出しました。大きなサイズのみを商品化することで、シジミの産卵数が増えることを目指したものです。

シジミには黄色が混じった貝や黒っぽい貝があります。日本シジミ研究所の中村幹雄さんによれば、黒っぽくなるのは底が泥っぽい場所に多い硫黄と鉄分が化合して硫化鉄が作られるため。黄色っぽいシジミは、砂地にすむものが多い。砂地は硫黄分の影響が少ないということです。

◆資源管理と人工増殖の道探るハマグリ

ハマグリは、古代の暮らしの跡を物語る貝塚からたくさん見つかる貝です。約八千年前の縄文時代の貝塚から出土する貝類では、ハマグリが一番多いと言われます。アミノ酸やうまみ成分のコハク酸が含まれていて、うまみがたっぷり。ワカメなどを入れた吸い物は、三月の桃の節句「ひな祭り」などお祝いの席でも振る舞われます。しかし、近年は地元産の天然のハマグリを食べる機会がほとんどないのではないでしょうか。

殻の形が一つひとつ異なり、同じものがないと言われることから夫婦の仲の良さの象徴として祝いごとに用いられてきました。古くから大きな貝殻に絵などを描いて「貝あわせ」を楽しむ遊具としても親しまれました。各地の江戸時代の城下町にある資料館に立ち寄ると、元藩主の生活用具や武具をなどとともに、女性の「嫁入り道具」として並べてあるところもあります。

砂地の干潟や浅い海にすむハマグリは、殻の長さが五センチに成長するのに四年ほどかかると言われます。生息する場所によりますが、漁の資源として守っていくには、後の世代をつくる貝を残すことも必要で、取る貝の大きさや量を独自のルールを設けて制限しないといなくなってしまいます。

ハマグリのうしお汁

ハマグリの産地で有名なのは、三重県桑名市。江戸時代に描かれた東海道五十三次の「桑名」を舞台にした小説などに焼きハマグリが登場します。古くからの名物だったようです。木曽川や長良川、揖斐川の「木曽三川」が流入する伊勢湾奥部の長良川河口域が好漁場となっていました。三重県水産研究所などの調べでは、木曽三川河口でのハマグリ水揚げ量は一九六八年から一九七二年までの五年間で平均二七九七トン。一九九六年からの五年間平均では二二トンに激減しました。長良川河口堰が利用され始めた一九九五年には〇・五トンになってしまったと言います。干拓や地盤沈下などで干潟の環境が悪化したことなどが原因と考えられています。

長良川では、水資源機構が桑名市長島町に計画した長良川河口堰《ぜき》の建設をめぐって大きな論争になりましたが、一九九四年に完成。延長六六一メートルの可動堰で潮流をせき止めることによって水道用水や工業用水を確保するねらいだとされましたが、ダムがない川に堰を設けることで魚などの生態系や漁業への悪影響が出ると反対運動も根強かったのです。

桑名市によると、ブランドとなっているハマグリを絶やすまいと、長良川河口堰築造にともなう浚渫《しゅんせつ》工事の土砂で、一九九三年から九四年にかけて桑名市長島沖など二カ所に合わせて約四〇ヘクタールの「人工干潟」を造成。一方で、地元の赤須賀漁協や県などがハマグリを人工増殖して稚貝を放流するプロジェクトを立ち上げました。河口堰建設にともなう漁業補償という名目でした。その結果、ハマグリが年間一〇〇トン程度水揚げできるまでに回復しているとのこと。二〇〇六年から四年間の平均は年に一一二トン。二〇一三年現在で、年間一二〇トン前後で推移しているということです。

赤須賀漁協が二〇一〇年に「桑名産ハマグリの復活に取り組んで」と題して十頁にまとめたリポートや桑名市によれば、一九七〇年代後半ごろからハマグリ資源の増殖が課題として挙げられました。このため稚貝を人工的に育てて放流する技術の研究を重ね、その一方でハマグリのえさになる植物プランクトンの研究も手がけたそうです。

さらに赤須賀漁協では、資源量を維持するために貝を採る日数を一週間に二〜三日にするなど自主規制も心がけています。赤須賀漁協のリポートによれば、「桑名のハマグリ漁」は四五

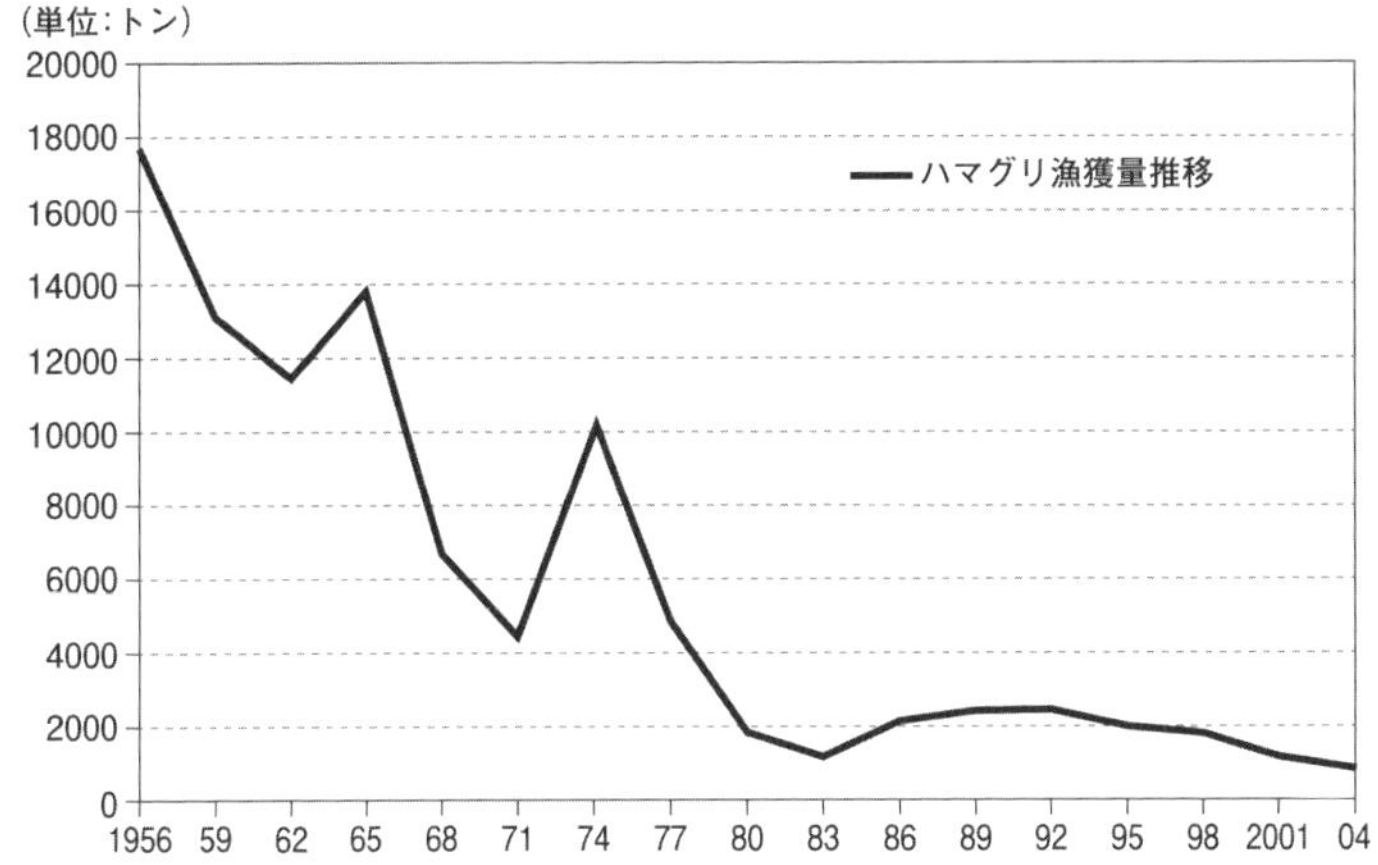

ハマグリの漁獲量推移

注１：農林水産省の統計を参考に作成

○年あまり続き、地元の食文化を育ててきたとされます。

このリポートで、とても印象に残るまとめ方を見つけました。引用させていただくことにします。

もともと海、川などの自然は国民共有の財産であり、海や川だけでなく自然とは漁業（生産）発展のため克服されるものではなく、人間が生きていく上で必要な、また豊かな生産のための良きパートナーだと思います。パートナーとして考えた時、何が重要であるかといえば、漁業は自然の生産によって成立している以上は、その自然を存続させることが、一番大切であると考えます

福岡県糸島市のハマグリの水揚げ

当たり前と言えば、そうかもしれませんが、地域によっては、さまざまな漁業が営まれる中で、お金になる漁の水揚げを増やすために病気予防や栄養補給のための資材を投入する場所もあります。因果関係に議論はありますが、そのことによって貝などの不漁が深刻になっている地域もあります。

茨城県の鹿島灘の海もハマグリの産地です。同県によると、二〇〇三年に八一九トンの水揚げがあったが、二〇一二年は八五トンと激減。原因は不明だが、次の世代につながる稚貝が育たない状況が続いているとのことです。

環境省が二〇〇七年に公表した「干潟調査」（自然環境保全基礎調査浅海域生態系調査）によると、全国の干潟や湖沼一五七カ所でハマグリが確認されたのは、木曽川河口や福岡県の筑後川河口、熊本県の緑川河口など二十カ所にとどまりました。「近年の減少は著しい」と指摘されています。

九州の干潟でもハマグリが確認されるケースが多かったと報告されています。水揚げ量は少ないですが、天然のハマグリをとって出荷している地域が福岡県糸島市にあります。古代の歴史書「魏志倭人伝」に登場する「伊都国」があったとされる地域の近くにある加布里《かふり》湾です。佐賀県と境を接する山からの水が集まった泉川などが注ぐ場所。河口沿いには、ハイビスカスに似た黄色の花を夏場に咲かせるハマボウの群生地があります。冬になると、トキの仲間の珍鳥・クロツラヘラサギの群れが朝鮮半島から越冬のため飛来する自然豊かな環境です。塩分が薄くなる汽水域では、シジミ漁が繰り返されます。

加布里湾のハマグリは、約三〇ヘクタールの干潟が漁場です。稚貝の放流をせずに自然のまま繁殖したのを、十一月から翌年三月まで組合員が自主規制で資源を守りながら続けられているのが特徴です。

一九九六年に糸島漁協加布里支所の組合員らが、ハマグリの資源が減少するのに歯止めをかけようと、稚貝を育てるための「ハマグリ保護区」を設定しました。一方で漁の期間を十月から翌年四月末（現在は十一月から翌年三月）までと自主規制のルールを設けました。一九九七年には組合員らの「ハマグリ会」を立ち上げ、貝資源の管理規則をつくりました。

ハマグリ会のルールは、こうです。

（1）密漁防止のための漁場の見回り
（2）稚貝をたくさんいる場所から少ない場所に移して放流する
（3）漁場を三区画に分けて輪番制で貝を採る
（4）殻長が五センチ以下の貝は採らないで放流
（5）漁獲量は一日に一人あたり一〇キロまで

としています。ただ、三十人を超えていた会員は高齢化などで現在は十五人に減っていますが、福岡都市圏の消費者だけでなく関西の市場にも出荷するほどです。二〇一三年にデパートやホテル、料理店などでの食材の産地表示が誤っている問題がマスコミで報道された後、関東の寿司店から出荷できるか、問い合わせがあったそうです。糸島漁協によると、二〇一三年度の水揚げは一〇トン程度。

裏をかえせば、それだけ国内産のハマグリが減っている証なのでしょう。農林水産省の統計によると、一九五六年に一万七七九七トンの水揚げがあったハマグリ。一九六三年には三万一三三〇トンと、この半世紀で最も多かったものの昭和四十年代に入ると、一九六六年に九九七四トンと一万トン台を割りました。一九七四年に一万二三三トンが水揚げされたのを除けば坂道を転げ落ちるように減少傾向が続きました。全国の統計の数字としては二〇〇六年の八六七トンが最後に挙げられています。

海と山がつなぐ恵み

◆豊かな森と海がつくるカツオ節

三月の終わりごろ、鹿児島県枕崎市とその周辺の山並みは、黄緑色や緑の色で覆われます。カシやシイ、クスノキなどの新緑の季節です。もくもくと雲がわき出るような光景が見られます。枕崎と言えば「カツオ節の生産量日本一のまち」として有名。近隣の指宿市山川町も、同じくカツオ節づくりが盛んです。山川と枕崎を合わせると、二〇一二年の生産量は二万四千トンあまりで全国の生産量の約七割にもなりました。実は新緑の山の風景は、カツオ節づくりに欠かせない燻製用の薪《まき》の供給源なのです。

カツオ節は、昆布やシイタケとともに和食の味わいと風味を演出するのに大切な役割を担っています。うまみの成分を秘めた食材です。カツオ節で出汁《だし》をとることは、日本の食卓で知らない人はいないほどですが、カチンカチンになったカツオ節を削り器を使って毎朝の味噌汁をつくる家庭は、どれだけあるでしょうか。干しシイタケもそうですが、手間ひまかけておいしい料理をつくる努力をする人が少なくなったと言えるのではないでしょうか。忙しさのあまりに、削り節のパックや顆粒《かりゅう》状の出汁のもとを使う家庭がほとんどではないでしょうか。

カツオ節はどうやって作られるのか。私は二〇〇六年と二〇一四年に枕崎市などを訪ねました。二〇一四年四月初めに出かけた時は、枕崎港は早朝からカツオの荷揚げで活気づいていました。冷凍のカツオがベルトコンベヤーで次々に漁船からトラックに積むコンテナに運ばれていました。

カツオ節加工業者は、二〇一四年四月時点で枕崎市に五十三社、指宿市山川町に二十八社ありました。荷揚げされた冷凍カツオは、加工業者の入札にかけられ、冷凍保管庫に運ばれます。枕崎港で一日に水揚げされるカツオは約二五〇トンにのぼり、一年間を通して操業が続きます。

カツオと言えば、一般的に一本釣りを連想しがちですが、枕崎市の加工業者でつくる枕崎水産加工業協同組合などによると、カツオ節の加工原料となるのは、赤道に近いミクロネシアなど南太平洋が主な漁場となっている。漁法は、巻き網漁で表層から水深がある程度深いところを泳ぐものまで水揚げされる。カツオ漁をする際は、沿岸二百海里の経済水域の国際的なルールがあるため、入漁料を支払う必要があります。南太平洋でのマグロやカツオの資源管理を目的とした「ナウル協定」に参加するナウルやマーシャル諸島など八カ国は二〇一四年六月に、巻き網でカツオやマグロを水揚げするにあたって、一日あたりの入漁料を六〇〇〇ドルから八〇〇〇ドルに引き上げる方針を決めた。二〇一五年一月から値上げされました。

枕崎水産加工業協組によれば、カツオはインド洋などでも水揚げされる。世界的には水揚げの約八割が「ツナ缶」と呼ばれる缶詰の原料にされ、刺し身とカツオ節用がそれぞれ一割を占める。魚が健康によいことや、牛肉が「狂牛病」ともいわれる牛海綿状脳症（ＢＳＥ）の問題で安全性が問われたことなどからツナ缶の人気が出て、カツオの価格相場が左右されるようになった。加えてカツオ節は、外国でも加工され、日本に輸入されるのも多いという。牛海綿状脳症は、牛の脳の内部に空洞ができてスポンジ状になる病気で二〇〇〇年代初めに問題が明らかになりました。

カツオ節づくりは、冷凍ものを解凍して頭などを切り落とす作業から始まります。カツオ節の形からわかるように、四つの切り身に分けて熱処理した後、身から骨をピンセットなどで抜いたのを金網の上にのせて燻製にする。燻製用の部屋はおおむね三階建ての建物で地下に薪をくべる炉があります。

水揚げされるカツオは、重さが六キロから七キロのものもあるが、平均的な原料は体長約四〇センチで重さ二・五キロ。約二十日間いぶすことによって重さは約五分の一になります。カビをつけて味と保存性をよくした本枯れ節の場合は、重さで元の原料の約六分の一になるとのことです。

カツオをさばいてカツオ節に加工するまでいぶす作業を続けますが、それに必要な薪の量は、カツオ一トンに対して三〇〇キロから四〇〇キロの計算になる。二十四時間連続して薪を燃やすのではなく、七～八時間燃やした後、再び翌日点火する作業を繰り返す。いったん冷ますことで身の内側まで乾燥が進むという。燻製にしたものをさらに味をよくして長持ちさせるため、室温が三十五度から四十度で湿度が高い部屋に入れて良質のカビを付着させたり、天日干ししたりする作業を繰り返す。燻製作業の後、表面の汚れや脂分を削り落とす作業がある。粉末が飛ぶためマスクに防護服のような服装をした作業員が、刃物を研磨するような機械で削る作業も欠かせません。

カツオ節は、こんな作業工程で完成しますが、保存とうまみを凝縮するためにかびをつけた「本枯れ節」ができあがるまで、半年かかるのもあります。

枕崎水産加工業協同組合や枕崎市によると、カツオ節加工の世界でも人手不足が悩みのたね。中でも加熱処理した後の骨抜きの作業は面倒で時間がかかるため若い人々に敬遠されがちで、中国から若い女性らを研修生という形で受け入れて作業をしてもらっている。二〇一四年春時点で枕崎市だけでも約三百人の中国人研修生がいるとの話でした。

もう一つの悩みは、薪用のカシやシイを伐採する林業家の確保です。高齢化が目立ち、後継者の確保が課題です。多くの場合、個人経営の「一人親方」の形で薪をカツオ節の加工会社に納めています。燃料の薪用材は、ゆっくり時間をかけて燃えるカシやシイなど固い木材が適している。油脂分が多い生木は一気に燃えやすいため、二～三カ月放置して乾燥したものを切っ

加工用冷凍カツオの水揚げ

解凍したカツオの加工
（鹿児島県枕崎市）

カツオ節燻製《くんせい》用の薪は地
元の山林から切り出され
たカシ材など（枕崎市）

たり割ったりして燃やしやすくしたものを納める。広葉樹は、切り株から芽が出て成長するため、おおむね二十年間のサイクルで伐採すれば薪を確保できるが、森を知り尽くした人材の確保が難しい状況になりつつあるため、このサイクルが維持できなくなってきている。

燃やした後の灰は、おしゃれな和室にくつろげる空間を、と囲炉裏をつくる店からの需要や、鹿児島の伝統的保存食「あくまき」づくりにも使われます。もちろん肥料や土壌改良材にも。ちなみに「あくまき」は、灰の汁にもち米を浸した後、竹の皮にくるんで蒸したものです。地元では五月の端午の節句の頃、各家庭で作るほか、スーパーなどに出回ることが多いです。

話が本筋から少しずれましたが、カツオ節がおいしいと言っても、味わい方はさまざまなようです。カツオ節で出汁をとるやり方も、固い節をかんなのような道具で削って使う方法から市販の削り節を買って出汁をとるやり方もあります。さらに粉末あるいは顆粒状の出汁のもとも。カツオ節づくりが盛んな枕崎市の担当の市職員に聞いてみると、カツオ節で出汁を取る方法はカツオ節を自分で削るのがいちばんおいしい。うま味を出すのはイノシン酸などだが、削ったものを使うと香りが抽出され、まろやかな味になる。もちろん削り方や節の品質によっても味わいが異なる。たとえばソバつゆなどに使う場合、厚く削って濃厚さを出した方がおいしく感じる。吸い物などは、薄く削った方がよい。顆粒状の出汁のもとは、「スプレードライ」(噴霧乾燥)という方法で製造される。カツオ節でとった出汁を霧状に吹き出して、カツオ節

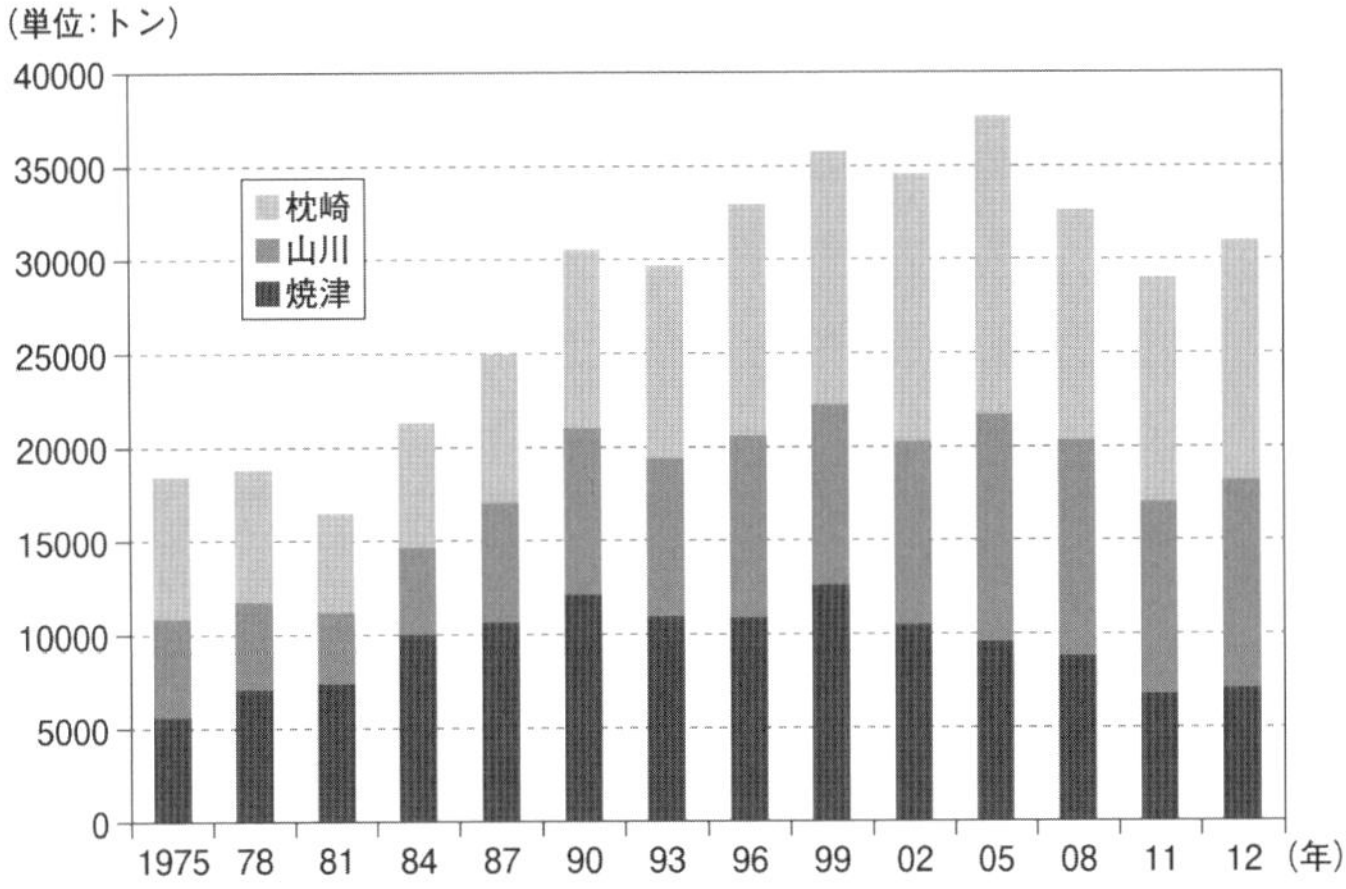

カツオ節主要産地の生産量の推移

注：枕崎水産加工業協同組合の統計をもとに作成

の粉末などにからませてきめ細かい固形にする方法だという。インスタントコーヒーを造る方法と似ていますね。

日本国内でカツオ節を生産している枕崎市と指宿市山川町、静岡県焼津市の主な三地区の生産量を枕崎水産加工業協同組合がまとめた資料によると、一九七五年以降のピークは二〇〇〇年であわせて三万八四三八トン。内訳は枕崎市が一万五八七六トン、山川町一万三三三トン、焼津市一万二五二九トンだった。それが二〇一二年には三万一四四五トンに減った。特に焼津市での減産が目立ち、七二一三トンに。それでも三地区で合わせた生産量は、一九七五年の一万八七一一トンと比べると多いという。

静岡県焼津市でのカツオ節づくりが減少しているのは、なぜか。焼津鰹節水産加工業協同組合に問い合わせたところ、カツオ節の消費量が減ったことや後継者不足などによるもので二〇〇四年に二十七軒だった加工業者が二〇一四年七月現在で十七軒になった。鹿児島県枕崎市などと違って燻製づくりの燃料にはコナラ材などを利用する。ナラの林が枯れるナラ枯れの影響よりも、原料のカツオの価格が高くなれば、痛手だということでした。

枕崎市のカツオ節加工業者の皆さんは、和食文化がユネスコの文化遺産として登録されたことを歓迎。海外で続く日本食ブームに乗ってほんもののカツオ節の魅力を広めよう、と一生懸命です。ですが、ヨーロッパのEU圏内にカツオ節を輸出するには、食品輸出基準の厚い壁があります。このためフランスのブルターニュ地方にカツオ節加工場をつくる計画を練っています。枕崎市の十社が出資した企業が、フランスの現地生産をする内容で、フランスの漁船が地中海で水揚げしたカツオを原料に加工する。当面は日量で原料一トン程度でカビもチーズ製造用をつける技法で試し、二〇一五年からの操業開始を目指すということです。

◆品種が変わるシイタケ

シイタケは、カツオ節や昆布《こんぶ》、イリコなどの煮干しとともに和食のうまみを出す食材としてなじみのあるものです。特に天日干しなどで乾燥した干しシイタケは、冷水に数時間浸けてもどすと、独特のおいしさが出ます。野菜の煮物や炊き込みご飯をおいしくするには、欠かせないという家庭も多いのではないでしょうか。

キノコは、森を再生する上でたいへん重要な役割があります。枯れた木や伐採された後の切り株に生えて、枯れた木を腐らせて、土に戻すのです。シイタケは、人の手で栽培されても栽培に使った原木を土に戻すという営みは少しも変わっていません。この意味では、典型的な「資源循環型の作物」と言ってよいでしょう。しかし、栽培用に使うクヌギやナラなどの森は、シカが増えすぎて新芽を食べたり、ナラの林が枯れたりする悩みが増えています。

シイタケは、菌の胞子が切り株や枯れた部分に入って成長し、「子実体」というキノコになったものです。シイタケ菌が好むのは、シイやナラ、コナラ、クヌギなどの広葉樹。シイタケ菌を培養した種ゴマをクヌギなどの丸太に穴を開けて打ち込む「原木栽培」や米ぬかやおがくずを混ぜたものにシイタケ菌を入れて建物の中で温度や湿度を調整しながら育てる「菌床栽培」が広がっています。かつては、木に鉈《なた》で傷をつけて、切り口にシイタケ菌が付着するのを待つ「鉈目《なため》栽培」という技術がありました。胞子は風で運ばれます。シイタケ菌はどこから来たのか。東南アジアのニューギニアにもシイタケがあり、遠い昔に台風によってもたらされたという説もあります。

干しシイタケの生産量が都道府県別で全国で一番の大分県には、約三五〇年前の江戸時代に鉈目栽培を広めた人物を語り継ぐ「源兵衛伝説」があり、同県津久見市には、その銅像が建てられています。旧佐伯藩領だった津久見市に生まれて、炭焼き（木炭製造）をしていた。大分の方言でキノコのことを「ナバ」とも言います。鉈目栽培の技術を広めた人々は、「豊後のナバ師」と呼ばれたそうです。

シイタケ菌を培養した種ゴマを原木に打ち込む技術を開発したのは、群馬県桐生市出身の森喜作氏（一九〇八年～一九七七年）で、一九四二年に特許を取得しました。森氏は、農学を研究していた学生時代に、大分県のシイタケ栽培農家が不作に悩んでいたのを見て、シイタケの人工栽培の研究を始めたというエピソードが伝えられています。

シイタケ栽培農家が結成した大分市にある組織・大分県椎茸農協によると、シイタケ菌を植え付ける原木の大部分はクヌギ。寸胴形のドングリがなる広葉樹で、伐採した後の切り株から芽が出て、成長する樹木です。資源循環型の産業ともいえます。大分県は、干しシイタケの生産で知られ、大分県椎茸農協が大相撲の優勝力士に干しシイタケを副賞として贈るなど、消費拡大キャンペーンを続けています。でも、干しシイタケの生産量は全国的には激減していま す。一九八〇年に全国で一万三五七九トンだったのが、三十年後の二〇一〇年には三五一六トンまでに落ち込んだ。このうち大分県産は一九八〇年が二九一五トンで全国の生産量の二一・四パーセントを占めました。二〇一〇年産は、一四〇一トンで約四〇パーセントを占めました。ですが、干しシイタケの売れ行きがよかった時代に増産するために原木を長崎県の対馬から買い付けて栽培した結果、原木に潜んでいた昆虫が増えて、クヌギを枯らす被害が広がりました。カミキリムシの一種の「ハラアカコブカミキリ」で体長一六ミリから二七ミリという昆虫。夏

干しシイタケ，どんこ

から秋にかけてクヌギなどの樹皮を好んで食べる習性があります。対馬以外では天敵が少ないため、繁殖してしまいました。一九七七年八月に大分県直入町（現竹田市直入町）でハラアカコブカミキリが見つかった後、この「侵入者」を駆除する対策が進められました。被害は大分県に限らず広がっています。宮崎県林業技術センターによると、一九八八年には大分県境の五ケ瀬町でハラアカコブカミキリが観察された後、生息域が広がっているという。この反省から大分県は、県内での原木確保のためクヌギの植林活動を農家に呼びかけました。

大分県のまとめでは、県内でのクヌギの植林面積は一九八〇年に七〇八ヘクタールだったのが、五年後の一九八五年に一三五六ヘクタールまでになった。クヌギは十五年生ぐらいになると、原木用に伐採されます。植林が増えたことで、県内産のクヌギでほぼ原木を確保できる状況が続いているということです。

大分県北東部の国東半島と宇佐地区では、シイタケ栽培用のクヌギ林が広がっています。このことで、ため池との組み合わせで農業用水が確保される環境が長い間守られているとして、二〇一三年に国連食糧農業機関（ＦＡＯ）から世界農業遺産として登録されました。国東半島の豊後高田市には中世の荘園時代の田んぼの風景が残る田《た》染《しぶ》荘《のしょう》という水田地帯があります。ほ場整備がされないまま、曲がりくねった形の田んぼがあり、水路も土や石で築かれた素掘りのものです。山岳仏教の伝統が受け継がれている「六郷満山」とよばれる仏教文化が受け継がれる地域で、大きな河川が少なく、農業用水を確保するため数多くのため池が造られたわけです。原木を確保するためのクヌギ林は、広葉落葉樹林で落ち葉や枯れて朽ちた木や葉が腐葉土となって保水力を高め、農業用水を供給するという仕組みが、長い間に築かれたのです。しかも、森の栄養分が海に運ばれ、別府湾や豊前海の「海の幸」を育てるというわけです。

クヌギなどの原木は、集落に近い里山で育てられますが、かつてのように人が頻繁に通って手入れをすることがほとんどなくなった地域では、下草が生えるなど荒れた場所も目立ちます。全国的にイノシシやサル、シカが出没して農作物を食い荒らす被害が問題になっています。大分県でも同じ傾向が見られる地域も。特にシイタケの原木となるクヌギ林では、原木用に伐採した後の切り株から芽生える「萌芽」をシカが食い荒らす被害がひどくなっているという（大分県椎茸農協の話）。

イノシシやシカなどの鳥獣被害は全国的に広がっています。特に近年、シカによる被害が目立ちます。里山の手入れが行き届かないのが、要因のひとつに挙げられますが、もう一つは狩猟を担うハンターが高齢化して減っていることのようです。コメや野菜を育て、山に分け入って木を育てたりキノコなどの山菜の恵みを受けたりして暮らすような地域では、今の日本の経済の仕組みの中では若者が定住しにくいのは、自明の理でしょう。

大分県の場合、鳥獣被害は二〇一三年度に二億九四〇〇万円相当額にのぼったと、同県がまとめています。年度別で二〇〇四年は三億九六〇〇万円相当。狩猟と鳥獣保護法に基づく有害鳥獣駆除によるイノシシの捕獲数は二〇一三年に大分で二万五一七二頭を数えました。八年前の二〇〇五年は一万一八一二頭。シカは、二〇〇五年の六八三六頭から二〇一三年には五倍近い三万二三九一頭に急増しました。イノシシやシカを捕獲した後、有効に利用しようと、肉を使ったジビエ料理や加工品開発も工夫されています。

ほだ木（原木）にはクヌギが利用される（出水市）

シイタケは、クヌギのほかにコナラなどの丸太にシイタケ菌を植え付ける原木栽培もあります。コナラなどの原木栽培は、北日本に多いが、ナラ類が立ち枯れする被害が近年、中国、東北、北陸などで広がっています。「ナラ枯れ」は、林野庁のホームページに原因や被害状況が紹介されています。ナラ菌と呼ばれるものが、木の中の細胞を壊して枯らしてしまうのが原因で、ナラ菌はカシノナガキクイムシという昆虫によって木の内部に運ばれるという。立ち枯れ被害は二〇一三年に全国で五万二〇〇〇立方メートルに及んでいます。二〇〇五年以降に被害が最も多かったのは、二〇一〇年の三二万五〇〇〇立方メートル。茨城県つくば市にある独立行政法人森林総合研究所によると、ナラ枯れは近年、中国地方でも目立ち、シイタケの原木には枯れたナラ材を使えないため、菌床栽培用にしているという。

干しシイタケを買う時、形や大きさ、色などによって価格が違うことに戸惑いを感じる時があります。シイタケを収穫する時に「傘」の部分の成長の具合や色などによって呼び方が異なるのです。大分県椎茸農協によると、傘の縁がよく巻き込んだものが冬菇《どんこ》。つまり傘の部分に割れ目が出るような形になっている品物です。傘が開いて平べったいものを香信《こうしん》と呼んでいます。冬菇の中でも傘の表面が白っぽくなったのを天白どんこ、茶色いのを茶花どんことして区別しています。どんこと香信は、どう味が違うのか。どんこの方が肉厚でおいしいように見受けるが、香信も、煮物などの料理によく使われます。

シイタケは、大分などの名物料理・鶏飯《とりめし》の味付けには欠かせません。鶏飯は、鶏肉の細切れとゴボウをシイタケなどで味付けして、ご飯と混ぜたものです。余談ですが、同じ「鶏飯」でも「けいはん」と読めば、まるで異なる料理になります。「けいはん」は、鹿児島県奄美地方の伝統料理。鶏がらを煮詰めてスープをつくり、シイタケや昆布の出汁を加えて味付けします。この出汁で味付けして細かく刻んだ鶏肉のささみや錦糸卵、シイタケ、ノリなどを温かいご飯にのせて、スープをかけて食べます。いわゆる「汁かけご飯」ですが、のせる具材に亜熱帯果樹のパパイアの青果をしょうゆ漬けして刻んだのを加えると、おいしさが増します。奄美地方に勤務した経験があり、料理法を教わって、わが家風にアレンジして、時折楽しんでいます。

家庭でのもてなし料理でも大活躍する食材のシイタケの栽培をめぐる環境は、農林業者の高齢化や後継者不足、鳥獣被害などが深刻化して厳しさを増しています。おがくずや米ぬかを固めたものにシイタケ菌を植え付ける菌床栽培は、温度管理などがしやすい施設を使って広がっていますが、鍋もの料理などに向いた生シイタケが主のようです。おいしい出汁が出る原木栽培の干しシイタケには及ばないと、大分県椎茸農協の関係者は自慢しています。

もう一つの問題は地球温暖化の影響。クヌギを原木に利用したシイタケづくりでは、伐採したクヌギの丸太に種ゴマを打ち込んだ後、シイタケが発生するまで約二年かかります。シイタケがニョッキリと生えてくるのは、主に春先と秋。「春子」や「秋子」とも呼ばれます。同じ原木から四年ほどシイタケが発生しますが、水分を与えるなど刺激を与えると発生しやすくなります。干しシイタケの全国品評会でトップクラスの賞を何度も取り、大分県内でシイタケづくりの名人と言われる農家を取材したことがあります。「名人」によると、ほだ木（シイタケ栽培用の原木）が雪に覆われるほどの寒さを通り越した方がよいものができるという。

ですが、温暖化の影響で大分県の山間部でも積雪がある日数も少なくなっています。このため種ゴマを製造する業者は、気温が十五度から二十五度の間でも発生する高温性品種や十度から二十度の間で出る中温性品種も開発。気温が五度から十五度で発生する低温性品種は、春先にシイタケができます。低温性品種は、ほだ木が腐食するのに長い時間がかかるとのことです。大分県林産振興室などによると、以前は低温性品種を使う農家が多かった。一月の寒さの刺激で春先にシイタケが発生しやすいためですが、温暖化の影響で低温性菌では発生しにくい悩みも出てきた。このため、十年ほど前から中低温性品種への切り替えが進み、現在では約七〇パーセントを中低温性の品種が占める。中低温性菌は、八度から十五度で発生しやすい品種で春だけでなく秋にもとれるという。

◆伝統の漁法で守るクマエビ

ツルの飛来地として知られる鹿児島県出水市の沖合の八代海では、十一月から翌年三月半ばまで、ケタ打たせ漁という珍しい漁が続きます。鹿児島のおせちの食材として受け継がれる、焼きエビに加工されるクマエビを水揚げするのです。正月料理の雑煮は、もちの形や出汁の元になる食材も、地域によって異なります。福岡県でもハゼを焼いたもので出汁を取ったり、トビウオを小さい時に取ったアゴを焼いた「焼きアゴ」が好みだったりいろいろです。もちろん昆布とカツオ節でも十分。大きな焼きエビを使うのは、鹿児島でも少数派になっているかもしれません。豪華で伝統の味ですが、流通する量が少なく、価格も高めになっています。

漁法の名前になっている「ケタ」というのは、鉄製の爪と網を枠に取り付けた漁具のことで、帆で受けた風の力を動力源にしてロープで引っ張り、底引き網のようにしてエビをとるのです。鉄製の爪で海底の土砂をかき混ぜることで、エビを驚かせて網に誘い込むわけです。

主な獲物はクマエビ。体長が二〇センチから二五センチぐらいのものがとれます。ゆがいてもおいしいが、主に出水市の地元の水産会社が買い取り、焼きエビに加工しています。加工を手がける水産会社では、年の瀬が近づくと作業が最盛期を迎えます。炭火を床に置いたボックス型の加工設備で、棚状に金網を数段敷いて、その上に串刺ししたエビを並べて遠赤外線の熱であぶる作業。熱せられて真っ赤になったエビはいかにも、おいしそうですが、保存用に稲わらと竹串で編んだものでエビを飾り、野外の寒風と天日で乾燥させます。

出水市にある北さつま漁協出水支所によると、ケタ打たせ漁をする組合員の漁船は二〇一三年末現在で高齢化などで、四隻だけ。二人乗りで漁をするケースが多いとのことです。

上：ケタ打たせ漁
下：ケタ打たせ漁で水揚げしたクマエビで焼きエビづくり（鹿児島県出水市）

焼きエビは、雑煮の出汁をとる一方で、豪華な具材としてもちなどといっしょに食べます。形の大きい焼きエビは、高価で贈答用や料理店向けの注文が多いとのこと。地元ではなかなか手に入らなくなっています。かつては、ツル見物で出水平野に出かけると、土産品店で売っていましたが、近年ではなかなか見かけなくなりました。

ケタ打たせ漁は、同じ八代海の熊本県芦北地方で観光用に受け継がれています。こちらは、ケタ打たせ漁でとれた魚やエビなどを船の上で料理して食べさせるのが名物になっています。いずれも二〇〇六年に水産庁が、「未来に残したい漁業漁村の歴史文化遺産百選」として選びました。かつてはトリ貝をとる漁法として利用されていたものです。

魚や貝、海藻を焼いたり乾燥したりして、うまみを引き出す食文化は、人類の知恵と言えます。保存食としても使えます。

九州の有明海沿いでは、シバエビという小ぶりなエビを焼いたのを出汁に利用する食習慣がある地域もあります。夏場にそうめんを食べる時に、つゆに混ぜるとおいしいものです。形は小さくとも、エビはやはり味わいがあります。

魚をあぶって保存したのもいけます。たとえば焼きアユも、雑煮の出汁を取るのに使う地域も。今ではほとんど姿を消しましたが、かつて身近な小川でフナなどを取って蛋白《たんぱく》源にしていた頃は、小さなフナを炭火で焼いて保存。みそ汁の出汁にしていたものです。

食卓に迫る危機

◆激減するウナギ

和食の代表的なメニューとして人気なのがウナギ料理。よく食べられるのが、7月の「土用丑《うし》の日」で、テレビなどで季節の話題として取り上げられます。伝統的な民俗文化とも言えますが、二〇一一年から二〇一三年にかけて養殖用のシラスウナギ（ウナギの稚魚）の極端な不漁が続き、ウナギ料理の値上げがニュースになったのを覚えている人が多いことでしょう。また、ウナギの資源が激減しているとして、二〇一三年二月、環境省は「絶滅のおそれのある野生生物」をリストアップした「レッドデータブック」にニホンウナギを「絶滅危惧ⅠB類」として挙げました。さらに二〇一四年六月、国際自然保護連合（ＩＵＣＮ）もニホンウナギの資源が激減しているとして、絶滅危惧種にリストアップしました。法的な拘束力はないものの、今後国際的な取引で規制が強まるのではないかと見られています。

私たちが目にしたり口にしたりするニホンウナギは、日本から約二五〇〇キロ離れたグアム島の西側約一〇〇キロの海底山脈・西マリアナ海嶺南端付近で産卵し、黒潮に乗ってやってくるシラスウナギが大きく成長したものです。ニホンウナギの産卵場所は、フィリピン沖合の深海だとされていましたが、二〇〇九年五月に、当時東京大学海洋研究所の教授だった塚本勝巳氏らと水産庁のチームがニホンウナギの産卵場所は西マリアナ海嶺南端付近であるということを突き止めました。調査船が、ニホンウナギの受精卵を採取したということです。ウナギの稚魚のシラスウナギが、黒潮に乗って日本の沿岸にたどり着き、さらに川をさかのぼって成長するのです。私たちが口にするウナギは、川や河口近くの汽水域でえさをとったりしている天然ものか、河口で水揚げされた小さなシラスウナギを養殖場で育てて出荷した養殖ものです。もちろん加工用に輸入される養殖ウナギや輸入ものの蒲焼きもあります。

暦の上での立秋の前にあたる七月下旬ごろの「土用丑《どようのうし》の日」は、ウナギ料理の売れ行きがよくなります。江戸時代の科学者で、今風の「コピーライター」とも評される平賀源内が、ウナギの蒲焼きPRのために考えたとも言われています。でも、よく調べてみると、古代の「万葉集」にもウナギを夏バテ防止に食べたのではないか、と想像される歌も書かれています。大伴家持が詠んだとされる一首の歌があります。

石麻呂《いしまろ》に吾れもの申す　夏痩せによしといふものぞ鰻《むなぎ》とり食せ

やせた老人にウナギを食べることを勧めた歌らしい。

万葉集にも登場する習慣からしても想像がつくように、古くから愛される存在なのです。暮らしの中でしばしば使われる慣用句にも「うなぎのぼり」とか「うなぎの寝床」などもあります。

ビタミンAやビタミンBを含むウナギが健康にもよいことは、いうまでもありませんが、天然ウナギが一番おいしいのは、夏ではなく秋口だと言われます。栄養分を体に蓄える時期だからでしょう。

天然ウナギ（大川市）

そんなウナギの水揚げが激減しています。農林水産省のまとめによると、河口や川、湖などでとれたウナギは、一九五六年（昭和三十一年）以降、全国で一九六一年の三三八七トンが最多。一九七八年まで二〇〇〇トン以上をどうにか維持していましたが、その後、さらに減少。一九九三年には一〇〇〇トンを割って九七〇トンに落ち込みました。二十一世紀に入ってから減少傾向に拍車がかかり、二〇一二年は一六五トンになってしまいました。

養殖用の稚魚のシラスウナギも、同じ農林水産省のまとめでは、一九五七年に二〇七トンだったのが、一九七〇年の一三四トンを最後に三桁《けた》台に届かない状況になりました。二〇一〇年に六トン、二〇一一年は五トン、二〇一二年には三トンと極端な不漁になって、シラスウナギの相場が高騰しました。河口でとれるものと海面で水揚げされたものを合わせた数字です。

ウナギ養殖は、川をさかのぼろうとするウナギの稚魚・シラスウナギを河口付近ですくいとって、いけすで半年から一年あまりかけて育てて出荷するのです。静岡県や愛知県、鹿児島県、宮崎県などで盛ん。シラスウナギは、ニホンウナギの稚魚だけでなくヨーロッパからも輸入されていましたが、希少な動植物の取引を規制するワシントン条約の規制対象とされました。人口の減少や好みの変化やウナギの相場もあって養殖ウナギの生産量も減少しています。

農水省のまとめでは、一九八九年には三万九七〇四トンの生産量があった養殖ウナギですが、二〇一二年には一万七三七七トンと半分以下になりました。

シラスウナギの水揚げ激減は二〇〇九年度から目立つようになりました。統計上の数字は情報の集め方によって異なります。水産庁栽培養殖課が全国の養殖業者の動きをもとにまとめた「ニホンウナギ稚魚（シラスウナギ）の池入れ動向について」という資料を見ると、二〇一四年漁期の養殖用シラスウナギは、国内産が一七・三トン、中国などからの輸入物が九・七トン。合わせて二七トン。一キロあたり平均価格は九十二万円。「池入れ」の数字は、前年十一月から二〇一四年十月まで養殖池に入れたもののことです。年度というと、おおむね二〇一三年

ウナギ漁獲量の推移

注：農林水産省の統計を参考に作成

度産にあてはまります。二〇一三年の「池入れ」（二〇一二年度産）は、国内産五・二トン、輸入物七・四トンで計一二・六トン。平均価格は一キロあたり平均二四八万円と急騰していました。二〇一三年度産の数字で見れば、一時的にシラスウナギの水揚げが増えたとは言え、長い目では激減傾向です。二〇〇九年の「池入れ」（二〇〇八年度産）は、国内産二四・七トン、輸入物四・二トンで合わせて二八・九トン。一キロ平均価格も三十八万円だったのが、二〇一〇年には国内産九・二トン、輸入物一〇・七トンに落ち込み、シラスウナギの平均単価も一キロ八十二万円になったのです。

　鹿児島県や宮崎県では十二月から翌年三月にかけて漁が続けられますが、鹿児島県を例にとると、同県の調べでは二〇一〇年度にシラスウナギの水揚げは五二二キロで一キロ平均五十五万円でした。ところが二〇一一年度は二六八キロしか取れず、相場も一キロ七十五万円から一二三万円に跳ね上がりました。二〇一二年度は一四九キロで一キロあたり七十五万円から一四〇万円。二〇一三年度は七六三キロとやや回復して二十万円から八十三万円に戻りました。

宮崎では、二〇〇二年度に二四二八キロのシラスウナギの水揚げを記録するなど、鹿児島県と同じ程度か、むしろ多くとれる地域です。でも、二〇一一年度には二五一キロの水揚げしかなく、シラスウナギの価格が一キロ一七四万七千円にもなりました。二〇一二年度は一六八キロとさらに減りましたが、単価は一キロ九十三万三千円。二〇一三年度は四九六キロで平均六十一万九千円。いくらか漁獲は回復しましたが、鹿児島、宮崎両県の行政担当者は、「豊漁とは言い難い。資源が回復するまでにはなっていない」と言います。

不漁の要因は、乱獲のほかに黒潮の流れの変化でシラスウナギが日本の河川にたどり着けなかったのではないか、などの説もあります。いずれにしても、ウナギを食べたくても料理の価格高騰などもあって、口に入れにくい状況になっていることには間違いありません。

繰り返しになりますが、一九六〇年代より前に自然環境に恵まれた地域で育った年配の人々の多くは、子どもの頃、川や池で遊んだフナやウナギをとるのを楽しんだ経験をしているはずです。田んぼにいたドジョウをえさに雨上がりの川に仕掛けを置いておくと、翌朝、ウナギがよくかかっていました。それを上手にさばいて炭火で焼いて食べると、プリップリッの食感が味わえた。思い出として脳裡に焼きついています。

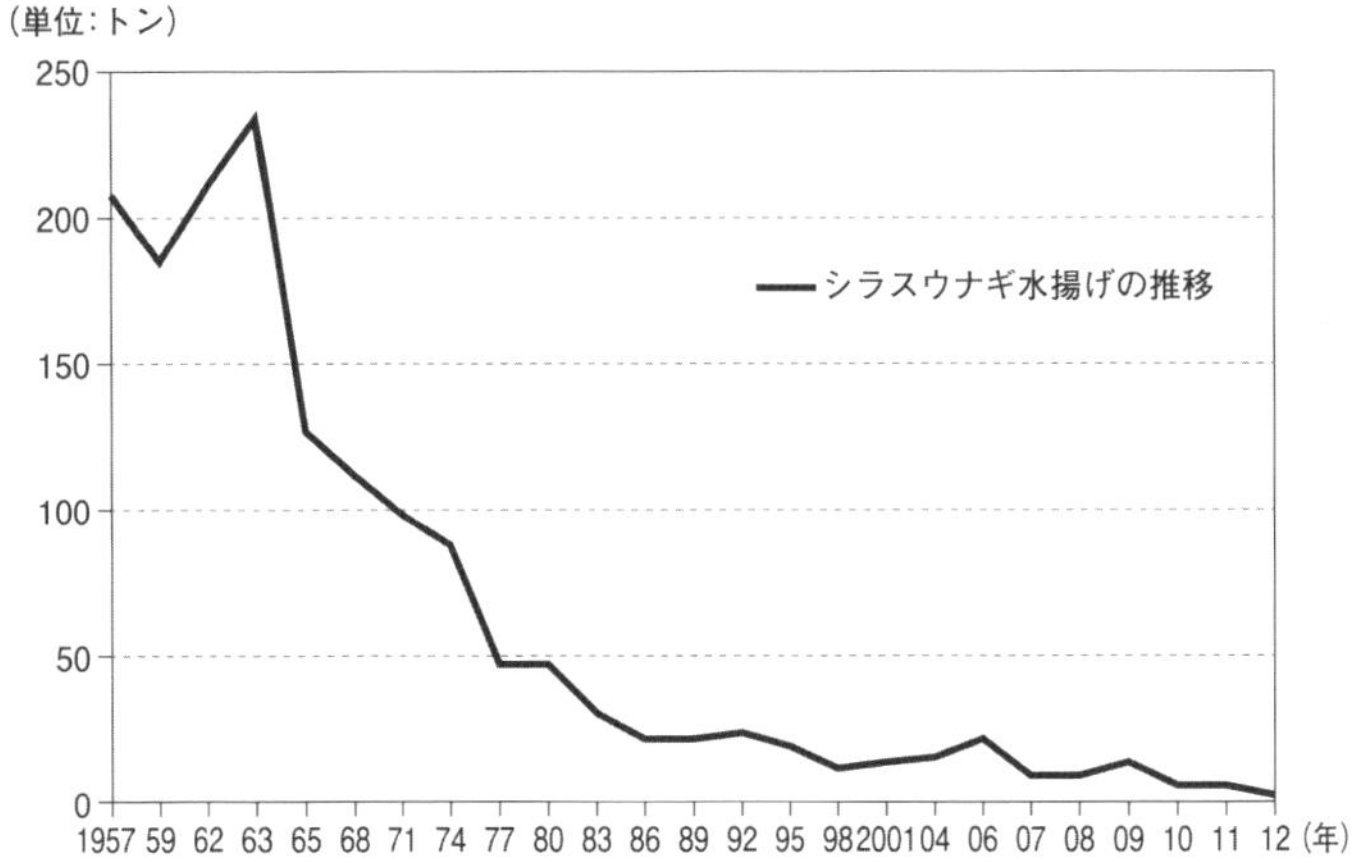

シラスウナギの漁獲量の推移

注１：河口などの内水面と海面での漁獲の合計
注２：農林水産省の統計を参考に作成

幼い頃の思い出の川はいま、三面コンクリート張りの農業用水路に変わり、ごみが投げ込まれている場所もあるに違いありません。ウナギが環境省のレッドデータブックに記載された背景には、養殖用の稚魚・シラスウナギの「乱獲」も要因のひとつでしょう。さらには、ウナギが成長するためにたどる海と川の環境の変化も原因に挙げられます。

ウナギは、川に設けられた堰の構造によっては、上流まで泳いでたどり着くこともあります。九州山地の山間部にある宮崎県椎葉村に出かけた時、独特のウナギ漁が伝わると聞いて、驚いたことがあります。放流され、成長したものか不明ですが、海から遠く離れた川にもいるのか、とあらためて認識しました。ウナギはエビやカニなどをえさにして育ちます。えさと、隠れる場所があれば生き延びやすいのです。しかし、農業用水や工業用水、発電用水の確保のためにダムが建設され、川の流れが遮断《しゃだん》されるとウナギの生育にとってはマイナスです。護岸がコンクリートで固められるなどして、えさになる生き物がすみにくい環境になったのも、激減の理由として考えられます。

たとえば、茨城県の霞ケ浦や利根川はかつてはウナギ漁で有名でした。一九五六年以降の農林水産省の統計で全国のウナギ漁獲量（天然）が最も多かったのは一九六一年の三三八七トン。この年の霞ケ浦と北浦を合わせたウナギ漁獲量は四六四トン。全国の一割以上を占めた計算になります。当時、霞ケ浦は利根川と常陸川を通じて海とつながっていました。

茨城県水産試験場の研究報告書によると、一九六〇年代までは全国のウナギ漁獲量は三〇〇〇トン前後。このうち利根川と霞ケ浦、北浦を合わせた数字は、一九六〇年代終わりに一〇〇〇トンを超えたこともあった。全国の天然ウナギ水揚げの約三分一を占めたが、二〇〇〇年代には六〇トン前後まで減った。またウナギ養殖用のシラスウナギの水揚げも、一九六〇年代は、利根川と霞ケ浦で全国の約三分の二を占めたが、その後、激減したと記されています。

ウナギなどの漁業に大きな影響をもたらしたのは、洪水や塩害防止のねらいのため国が一九六三年に造った常陸川水門。住民団体から指摘されています。利根川河口から約一八・五キロ上流の地点にある。幅二六八メートルの中に水門八基と船の航行のための「閘門《こうもん》」二基があり、常陸川水門で潮流が遮断された結果、潮流が混ざり合う汽水域だった霞ケ浦が淡水化されました。国土交通省霞ケ浦河川事務所によると、常陸川水門は、大雨の時に利根川の水が逆流して

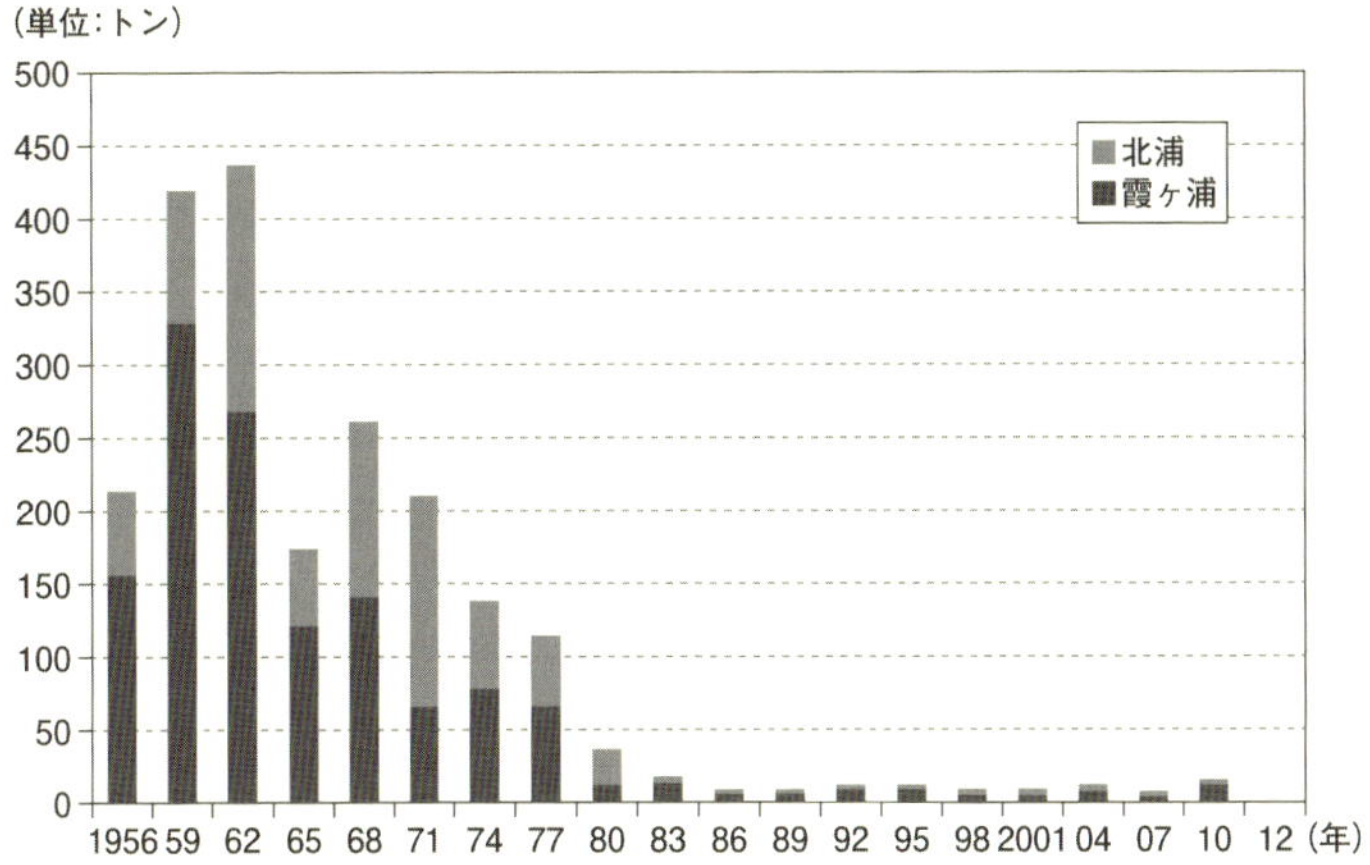

霞ヶ浦・北浦のウナギ漁獲量の推移

注：農林水産省の統計を参考に作成

洪水を引き起こすのを防ぐねらいで「逆水門」とも呼ばれる。完成後しばらくは、大雨の時などに水門を操作。それ以外の時は潮流がそ上していたが、シジミ漁の漁業補償の手続きが済んだのを機に一九七五年から水門が閉められたという。

霞ケ浦は、汽水域から淡水化されたほか、沿岸をコンクリート護岸にする工事が続けられたこと、生活排水の流入などで富栄養化が進んだ結果、アオコと呼ばれるプランクトンも発生する湖になった、と住民団体から指摘されています。この結果、ウナギの漁獲はその後、全国的にも激減。霞ケ浦と北浦では二〇一二年に統計上ではゼロになったのです。

汚くなった霞ケ浦を再生させよう、という住民運動が起き、一九九五年に牛久市に設立されたＮＰＯ法人アサザ基金は、初夏にキュウリに似た黄色の花が咲く水草のアサザを増やすことで水質を改善させようと取り組んでいます。「アサザ基金」では、「ウナギは絶滅危惧種に挙げられるほど、資源が激減している。シラスウナギがそ上できるように潮流を復活させる柔軟な取り組みが求められている」としています。このことについて、国土交通省霞ケ浦河川事務所では「常陸川水門は、洪水防止などのねらいで造られた長い経緯がある。水門の施設も古く、きめ細かい水門の操作ができるかは疑問で、今すぐにできるものでもない」としています。

ウナギ料理が自慢の町は全国各地にあります。料理方法も、その土地の風土を反映したものが伝わっています。九州地方で言えば、福岡県柳川市や長崎県諫早市、熊本県の人吉市など球磨川流域、鹿児島県薩摩川内市など川内川流域などです。もともとは、地場産の天然ウナギを調理していたのでしょうが、人気が高くなって天然ものは数量の確保が間に合わず、鹿児島県や宮崎県で養殖されたウナギを加工。名物にしているところが多いのが実情です。柳川市内とその周辺の料理店では、蒲焼きと卵焼きを細かく刻んだ「錦糸卵」を味付けしたご飯にのせて、せいろ蒸しにした「うなぎ飯」が、観光客向けの名物です。市中心部を流れる約四キロの掘割を手こぎの伝馬船《てんません》に乗って遊覧する「川下り」が自慢の町です。詩人・北原白秋の出身地として知られています。

柳川とは対照的に、天然ウナギを売り物にしているのが隣の大川市。大分県に源流がある筑後川の河口にある町です。日田地方などで切り出された木材を加工する木工の町として発展。大川家具は、かつて婚礼家具などで人気を博していましたが、今は売れ行きが低迷。福祉施設や高齢者向けの新製品開発に力を入れる業者もいます。

九州一の流域がある筑後川の河口では、数量は限られますが、天然ウナギがとれます。漁法は、孟宗竹《もうそうだけ》を長さ一メートル余りに切ったものに鉄の棒をくくりつけて川底に沈め、それを慎重に引き上げるやり方や延縄漁などです。

上：うなぎ飯
下：筑後川の天然ウナギ漁。竹筒に鉄の棒をくくりつけた漁具を沈めておく（大川市）

筑後川河口には、明治時代半ばの一八九〇年に造られた石積みの導流堤があります。水運の産業遺産ともいうべき存在。川の中央部に幅約六メートルの石積みが延長六・五キロにわたって築かれています。河口の町は、川や海を利用した水運の拠点としての役割があり、川底に土砂がたまりにくくするねらいで築かれたのです。設計したのは、明治時代に先進技術を広めるために日本に来たオランダ人のヨハネス・デ・レイケ（一八四二年〜一九一三年）。石積みは、ウナギなどがすみやすい環境で、潮の干満の差が五メートルを超す有明海沿いでもあることから、えさも豊富です。日本の風土と生態系にも配慮した、優れた技術と言えます。

デ・レイケ導流堤

大川市とその周辺には、川魚をとることで生計を立てる漁師はほとんどいませんが、定年退職後の楽しみを兼ねて漁を楽しむ人々がいます。数軒の料理店のグループが、予約制で天然ウナギの料理を提供。地元の観光協会も筑後川産の天然ウナギを「旅出し」の名で二〇一〇年四月に特許庁に商標登録しています。「旅出し」は、江戸時代にほかの藩にも流通させる特産品につけた呼び名です。天然ウナギは、大川市の「ふるさと納税」のお返しの品にもなっています。一万円以上を大川市に寄付する「ふるさと納税」をした場合、お返しの品を選択できる仕組みです。ただ、環境省がニホンウナギを「レッドデータブック」で絶滅危惧種として記載した二〇一三年から、同市は、天然ウナギを「ふるさと納税」の返礼とする上限を百件までとしています。市の担当者によると、二〇一四年五月から「ふるさと納税」を受け付けたところ、天然ウナギを目当てにした申し込みは、一日で百件を超える人気ぶりだったそうです。

ウナギの味は、調理法によっても違いますが、天然ものは、プリプリとした食感があって、おいしいと私は感じています。天然ウナギのとり方は、いろいろあります。「ウナギの寝床」

という言葉もあります。間口が狭くて奥行きが長い家のつくりのことを指して、そう言うのですが、ウナギは夜行性で暗いところに潜る習性があります。それを利用したのが、竹で筒状に編んだウナギ筒漁。竹を丸太のように短く切った漁具も。ほかに河口近くに石を積んで潮が引いた時に、周りに網を仕掛けて石積みを崩して中に入ったウナギを捕まえる「ウナギ塚漁」も残っています。

もうひとつの問題は、ウナギの伝統漁法を受け継ぐ人々が減っている点です。ウナギに限ったことではありませんが、自然の恵みを受けるには、貝や魚の生態をよく知っておかないと、水揚げは期待通りにはあがりません。さらに資源を守り、育てるには抑制も必要です。若い人々が無関心のままでは、そのことを伝える機会が減ってしまいます。

柴漬け漁でとれた天然ウナギ（川内川）

鹿児島県薩摩川内市の川内川で二〇〇〇年代の初めに天然ウナギの漁を取材した経験があります。葉が付いた木枝を束ねて川底に沈めておき、たも網を添えながら引き上げる「柴づけ漁」という漁法でした。小さなエビも入っていて、おもしろく感じましたが、漁に参加するのは、遠い昔の子どもの頃から川と親しんだ年配の人たちばかり。学校教育の現場では、「危ない川や池には近づくな」と教えているようです。

県や市町村も、管理する池の周りに転落防止の金網を張り巡らせるしか能がない自治体も多いようです。ため池が、全国で一番多いという兵庫県では、ため池の管理や利用について、地域の住民が話し合って決めるルールを設けているとのことです。ブラックバスなどの釣り好きな子どもたちの中には、金網をすり抜けても釣りをする子もいます。ウナギなどの資源を増やすには、ウナギのえさになるエビなどが増えるように外来種の魚や水生植物の駆除が大切です。地域の自然の資源にもっと目を向けることで、食卓もきっと豊かになるはずです。

◆始まったウナギの資源管理

サケやアユなど食卓に並ぶ魚の中には、人工的に増殖し、養殖したものを流通させるビジネスが定着している種類もあります。ニホンウナギでも、「完全養殖」の技術開発の試みが続けられていますが、今のところ見通しは不明。環境省がニホンウナギを「絶滅危惧種」に挙げた二〇一三年から、研究者やウナギ養殖業などに関係する人々が、ウナギ資源を守り育てる道を探ろうと、動き始めました。東アジア鰻資源協議会日本支部（塚本勝巳会長）が、7月に東京大学で「うな丼の未来」と題するシンポジウムを開き、ウナギ資源保護や消費の動向などについて、情報を交換し、議論を重ねました。

この中で、シラスウナギの漁獲の自主規制や産卵のため川を下る親ウナギの漁獲規制を呼びかける意見も出た。ウナギ資源を保護しようという動きは、自治体にも少しずつ広がっています。熊本県は、二〇一三年十一月から二〇一六年三月まで、毎年十月から翌年三月末までの半年間、体長二一センチを超えるウナギを取ることを禁止する方針を決めました。それまでは体長二一センチ以下のウナギは年間を通して禁漁としていた。

「うな丼の未来」をテーマにしたシンポジウムは、二〇一四年七月にも開かれました。冒頭に基調講演した九州大学農学部の望岡典隆准教授は、ウナギの資源が減った理由のひとつとして川の護岸がコンクリート化されたことや、川の環境変化でえさになる生物が減ったことなどを挙げる一方で、保護策のひとつとして樹脂製のネット（網）の中に石を積み重ねた「石倉かご」を川に置くことや、ウナギが川をさかのぼれるように堰に「石倉かご」に似たものを設けるように提案しました。石倉かごは、樹脂で編んだ頑丈な網の中に子供の頭ぐらいのサイズの石を積み重ねたものです。望岡准教授は「二〇一三年に鹿児島県枕崎市の川に、石倉かごを置いて実証試験をした結果、ウナギだけでなくカニやエビ類もかごの中に入ってすみかとして利用していることがわかった」としています。

さらに望岡准教授は「石倉かごは、河川の環境がウナギなどの生息に適したものに再生されるまでの緊急避難的な方法」と指摘します。水産庁も、ウナギ資源を保護する方策として、「石倉かご」設置の普及を推奨し、設置と調査の活動費を助成する交付金を予算化しています。石倉かごを置いてウナギを保護する活動は、漁業者に限らずＮＰＯ（非営利特定法人）などでもよい。子供の環境教育にも役立てられると強調しています。

ウナギの資源を守るには、ウナギがどんな生き物で、どんな生活をするのかについて、私たちがよく知ることが大切だと痛感します。二〇一四年八月に、望岡准教授にうかがった興味深い話をいくつか紹介します。

ウナギの生活史については、シラスウナギとして川をさかのぼって成長すると理解されがちですが、二〇〇八年から二〇一〇年にかけて水産庁の調査船が、マリアナ沖で採取した親ウナギ十三匹を望岡さんが詳しく調べた結果、①川をさかのぼったまま②川と河口の汽水域を行ったり来たり③汽水域にとどまるなど五つのパターンに大きく分けられることが判明したという。耳石《じせき》という平衡感覚を司る器官に含まれるストロンチウムの含有率を調べて分析してわかったということです。ストロンチウムは、海水に含まれる割合が淡水と比べて高いことに着目した研究成果です。ウナギは、河口域でよくとれることが知られていますが、大部分のウナギは、汽水域を含む河川を利用することが判明。その環境も守ることが大切だと、望岡准教授は強調します。

さらに産卵海域とされる場所で採取された親ウナギを調べた結果、生後五年から十年のものと判明。親ウナギは、かなりやせた体形で筋肉を調べたところ、陸域でえさを食べた後、数カ月間何も食べずに命をかけて産卵場にたどり着いたものと推定されたということです。川や池、河口域で育ったウナギが、南の海の深い場所で産卵するという事実は、よく考えると不思議で

シラスウナギ池入れ量（年間合計）と取引価格の推移

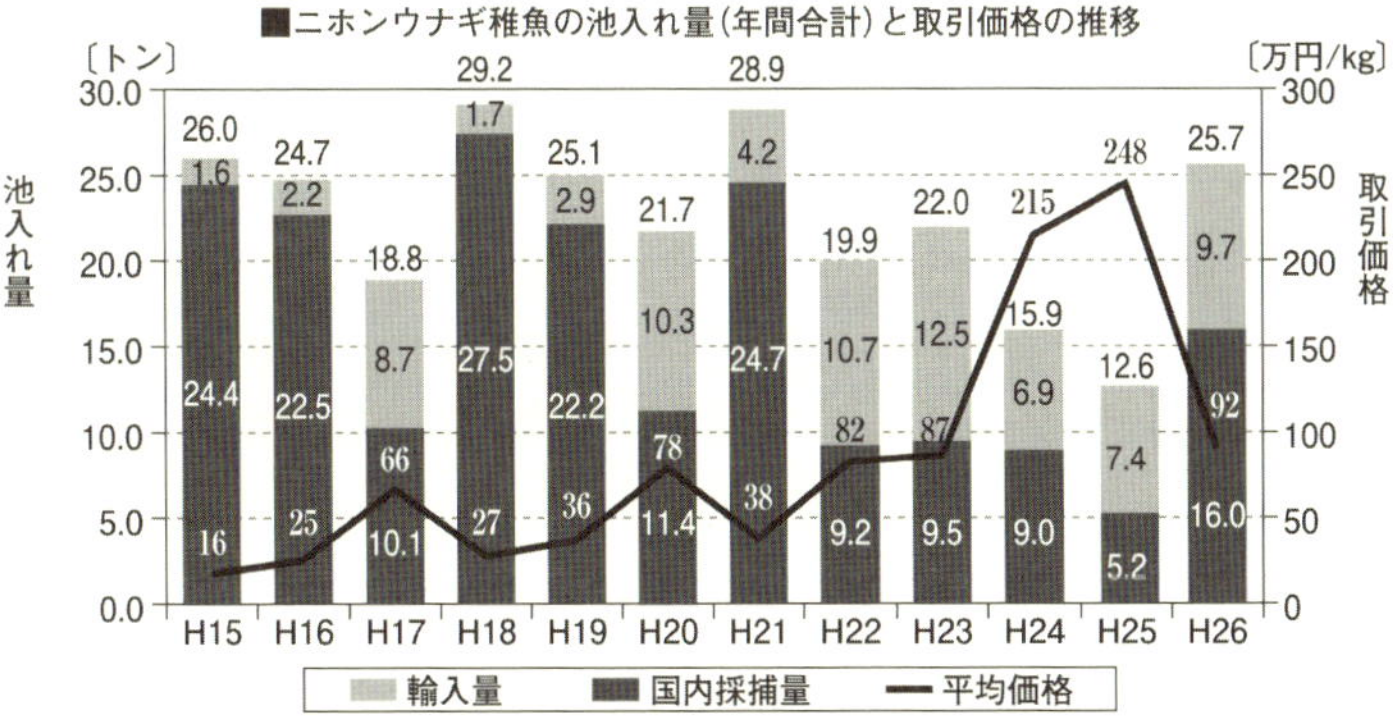

▶**今漁期のニホンウナギ稚魚（シラスウナギ）の池入れ数量は27．0トンとなり、昨年漁期（12.6トン）の約2倍となった。内訳は国内採捕が17.3トン（前年の3.3倍）、輸入が9.7トン（前年の1.3倍）であった**

▶**稚魚の取引価格については、92万円／kgとなった**

注1：各年の池入れ量は、前年11月～当該年5月までの合計値。平成15年～25年間での池入れ数量は業界調べ、平成26年の池入れ数量は水産庁調べ。取引価格は業界調べ。

注2：輸入量は、貿易統計の「うなぎ（養魚用の稚魚）」を基に、輸入先国や価格から判別したニホンウナギ稚魚の輸入量。採捕量は池入れ量から輸入量を差し引いて算出。

注3：水産庁の資料から引用

す。塩分濃度が濃い大海原と、塩分がほとんどない川をどうやって行き来できるのか。産卵のため海に出る時は、河口でしばらく過ごして浸透圧を調整する「塩類細胞」を準備するとされていますが、まだ解明されていない点も多いようです。たとえば、ウナギ料理の恩恵を受けている人々が「ウナギ供養」の願いを込めて養殖されたウナギを川などに放流する催しが、各地でありますが、カニやエビなど固いえさを食べないまま育ったウナギが、厳しい自然の中で生き延びて親ウナギとして産卵場にたどり着けるのか、科学的には立証されていないとのことです。

ニホンウナギが国際自然保護連合（ＩＵＣＮ）のレッドデータブックに記載されたこともあり、世界最大のウナギ消費国である日本や養殖ウナギを日本に輸出している台湾や中国、韓国の四カ国、地域の政府関係者らは、二〇一四年九月半ばすぎに東京で開いた非公式協議で養殖用シラスウナギの数量を同年十一月から一年間のシーズンに前年よりも二割削減するなどの方針を決め、共同声明として九月十七日に発表しました。近くウナギの資源管理のための非政府組織をつくる点でも合意したということです。

水産庁の発表資料によると、ニホンウナギの稚魚のシラスウナギが養殖池に入れられた数量は、日本国内では二〇一四年九月までのシーズンで二七トン。二割削減の方針で次のシーズンは二一・六トンまでとなりました。中国では四五トンだったのが、三六トン、台湾では一二・五トンが一〇トン、韓国では一三・九トンから一一・一トンにそれぞれ減る計算です。ウナギの養殖業は、日本国内では許可制ではありませんが、水産庁によると、新たに制定した内水面漁業振興法では、養殖業が届け出制となり、この仕組みで資源管理を徹底していく考えだということです。

◆ダムに阻まれる天然の味覚

季節感を楽しめる川魚の代表と言えば、アユが真っ先に頭に浮かびます。若アユの天ぷらやせごし、落ちアユの塩焼きなど、季節によって味わい方はさまざまです。内臓を塩漬けにした塩辛の「うるか」は、酒の肴《さかな》としてもってこいとも言えます。野鳥のウを飼いならして川で漁をする鵜《う》飼いや産卵のため川を下る落ちアユを梁《やな》と呼ばれる仕掛けでとるやな漁などが、各地の風物詩として受け継がれています。

天然のアユは、春先に川をさかのぼり、石がごろごろしたような中流や上流でえさを食べて育ちます。川底の石に生えたコケがえさ。日光が川底まで届き、珪藻などのコケが成長しやすい環境が適しています。こうした条件がそろった環境といえば、アユのそ上を妨げるダムなどがなくて川底に石が転がっているところが多い川です。でも、そんな川は、少なくなりました。

どこの川のアユがおいしいか。それぞれの地元で味自慢があります。陶芸や書、料理研究など多彩な才能の持ち主で美食家として知られた北大路魯山人（一八八三年～一九五九年）も、アユの味わい方にこだわった文章を残しています。死後の一九六〇年（昭和三十五年）にまとめられた『料理王国』（中央公論新社）の中の「鮎の名所」という文があります。「鮎をうまく食うには、鮎の成長と鮮度が大いに関係する。京阪や東京でいうと、七月がよい」と書き出し、

「東京で鮎をうまく食おうとするのは土台無理な話で、かれこれ言うのがおかしい。鮎の味は渓流激瀬で育った逸物を、なるべく早目に食うのでなければ問題にならない。岐阜の鮎も有名ながら、私の口には鮎中の最高とは言えず、いわんや東京ではなおさら駄目と知らなければならない」としている。つまり、おいしいアユを食べるには、よい環境の川がある地元で食べるのが一番だ、という趣旨のことを述べた作品です。魯山人が生きた時代は、今ほど河川の開発が進んでおらず、さまざまな川魚を味わえるような環境が各地に残っていたことだろうと想像できます。一方、「東京でおいしいアユを食べるのは、難しい」という言い方も、流通の技術や仕組みが大きく変化した二〇一〇年代の今では、通用しないかもしれません。でも、五十年以上も前の自然環境は、私たちにとって自然の恵みを食べるにはうらやましいものだったに違いありません。

九州と山口で記者として取材をした身から全国のアユのことを論じるのは難しいし、アユの名所にしばしば通ったというわけでもありません。でもアユは好物です。第一に黄緑色の魚の姿が美しい。いかにも自然を食べるという気分にさせてくれます。香りもよい。少ない経験ですが、鹿児島県の川内川や熊本県の球磨川、大分県日田市の三隈川（筑後川の上流）、宮崎県綾町の綾川のものを時折、食べました。

いずれも上流や下流域に発電用などのダムがあります。急流で知られる球磨川は、岩や石が多い川でおいしくて体長三〇センチあまりの、いわゆる「尺アユ」が育つ川としてアユ釣りファンに知られています。体長が三三センチにもなるには、急流の中で相当にえさを食べてもまれることが必要と思われます。尺アユをいただくのは、やはり落ちアユの頃になるのでしょう。

球磨川は、九州山地を水源として八代海に注ぐ全長一一五キロの河川。人吉盆地を貫く急流は、大雨の時に大きな災害を引き起こしたことも。それでも地元の人々にとっては「母なる川」なのです。アユ漁だけでなく観光や河口の八代市に立地する製紙企業などの工業用水、八代平野を含む広い地域の農業用水にも利用されています。洪水を防ぐねらいや農業用水確保、発電用のためのダムが造られ、長期にわたって論争が続いた川辺川ダム計画もあります。

球磨川の源流に近い水上村にある市房ダムのほか、球磨村にある瀬戸石ダム、八代市坂本町荒瀬に熊本県が発電用に一九五五年に建設した荒瀬ダムがあります。荒瀬ダムは、球磨川の河口から約二〇キロの場所です。延長約六〇〇〇メートルの導水トンネルで下流の藤本発電所に送り、約一六メートルの落差を利用して発電していました。出力一万八二〇〇キロワットと規模は小さかったのですが、戦後間もない頃の電力不足をカバーするのに役立ったということです。一方で、アユが自然のまま川をそ上できなくなりました。また、年数が経過するにともなってダムの水質が悪化したほか、ダムがあることで洪水が起きるのではないか、などの問題が指摘されていました。二〇〇三年に発電用の水利権許可が期限切れになる前に、八代市に合併する前の坂本村議会が熊本県にダム撤去を求める請願を県に提出。無駄な公共事業の見直しの国論の中で「脱ダム」を求める声が全国各地で起きていたという背景もありました。二〇〇八年六月に熊本県は、ダム撤去費用が巨額になって財政負担が重くなるなどの理由でいったんはダム存続方針を決めましたが、地元民の反発が強く、いったん延長した水利権の更新手続きが期限に間に合わないなどの理由で、蒲島郁夫知事が二〇一〇年二月に撤去する方針に転換しました。

ダムの撤去工事は二〇一二年から五年間の予定で進められることになりました。ダム撤去で川や八代海の干潟などの生態系が大きく変化することへの期待も。ダムの底に堆積していた土砂が、水門の開放で流れて下流地域で洪水が起きやすくなる不安もあったため、ダムの土砂を除去する作業も必要でした。

もうひとつの大きな問題は、球磨川の支流・川辺川に計画された川辺川ダム計画です。一九六六年に建設省（現国土交通省）が、建設画をまとめました。一九六三年から球磨川流域で豪雨災害が三年続けて発生。一九六五年に熊本県が川辺川に治水ダムを建設するように要望したのが発端でした。相良村にダムを建設する計画では、相良村《さがら》と五木村《いつき》で水没する住宅が四百世帯余りあることや、川辺川ではアユがよく育つこと、下流の球磨川で急流下りが観光資源になっていることから反対運動が活発化。完工時期が幾度となく先送りされました。一方で五木村では、水没集落の住民らの代替地が整備され、一九九六年に熊本県と相良村、五木村がダム本体工事の着工にいったんは同意しました。しかし、当時は国の財政難の中で無駄な公共事業を見直そうという世論の動きが活発になったこともあり、見直しの議論が高まりました。「ダム建設の時代は終わった」との発言で注目された当時のアメリカ内務省開墾局総裁のダニエル・ビアード氏が一九九五年に日本を訪問。ダム反対の住民運動家らと交流。国会議員の間でも「公共事業チェック機構を実現する議員の会」が、長良川河口堰問題などをきっかけに動きを活発化させました。結果的には二〇〇九年の衆議院議員選挙で民主党が勝利し、政権交代が実現。国土交通省の前原誠司大臣が、二〇〇九年九月に「治水と利水、発電の三つの目的のうち利水と発電がなくなった」として川辺川ダム計画中止の方針を表明しました。

おいしいアユが育つ川辺川の環境は、ダム建設の影響は免れることになりましたが、やむなくダム建設に同意して、水没想定地域のふるさとを去った五木村の住民らの生活再建は厳しいものに違いありません。また、球磨川河口からそ上する天然アユは、途中の瀬戸石ダムに魚道があるとは言っても大量には期待できません。このため球磨川漁協（熊本県八代市）によると、春先に球磨川河口近くの堰でそ上する稚アユをすくい上げて川辺川など上流に運んで放流する事業を続けています。放流するアユは、ほかに球磨川の親アユを使って人工ふ化したものや、鹿児島県霧島市の天降川《あもりがわ》で採取した稚アユを購入したのも含まれます。アユ釣りを希望するファンに遊漁券を買ってもらって、それを運営資金にしている

日本初のダム撤去工事の中の荒瀬ダム。球磨川の再生につながる？

という。

天然アユの大物が釣れる川として、釣り好きの人々の間で評判なのが、福岡県南部の矢部川。九州山地から有明海に注ぐ延長六一キロの河川です。上流には福岡県営の日向神ダムがあります。尺アユが釣れると評判になったのは、二〇一〇年代初めに、地元産の竹を加工して和竿を作っている釣具店主がインターネット上で紹介したのがきっかけです。大きなアユが釣れる場所は、八女市上陽町や八女市黒木町の渓流。現地を訪れると、川底には比較的大きな石がごろごろ転がっています。水もきれいで日光が川底まで届くような環境。表面積が広い石が多いだけに、アユのえさになる珪藻などがつきやすいというわけです。こんな場所にはゲンジボタルなど水生昆虫も育ちやすいが、二〇一二年七月の大雨で八女市の星野村や上陽町、黒木町などで川が氾濫《はんらん》。大きな被害が出ました。下流の柳川市では堤防が決壊して数多くの住宅などが浸水しました。九州北部豪雨災害と呼ばれるもので、アユを含む生態系にも、大きな影響が及びました。自然は恵みだけでなく、時には人間に試練も課す存在です。

鵜飼い（岩国市）

アユはさまざまな料理で楽しめる食材です。定番の塩焼きのほか、寿司やてんぷら、炊き込みご飯の材料にも。焼き鮎を保存して出汁用にしたり甘露煮にしたりもできます。漁法も、観光資源になるような魚で、ほかにも例が少ない。たとえば鵜飼い。潜って魚を食べる水鳥のウの習性を利用したもので、古代から伝わっています。岐阜県の長良川や山口県岩国市の錦川、大分県日田市の三隈川、同じ水系で福岡県朝倉市の筑後川などが鵜飼いで有名です。和船に乗った鵜匠《うしょう》が、手綱でウを操りながらアユ漁をするのを見物できる。船でアユ料理のサービスもある趣向です。鵜飼いに利用されるのは、ウミウ。茨城県日立市十王町の海岸に環境省が許可した捕獲場所があり、羽を休めるために飛来したのを捕まえて、希望する鵜匠のもとに送られて訓練するのです。

やなでとれたアユ（鹿児島県さつま町）

観光客を呼び込めるもう一つの仕掛けは、やな場漁。アユが産卵のために川を下る習性を利用して川の一部をせき止めてアユを簀の子のような仕掛けを設けているところが、各地にあります。割り竹を編んだすだれのようなものを川岸近くに置いて、そこを通るアユをとるのです。構造は、地域によって異なるようで伝統の知恵が受け継がれています。やな場のそばに食事を提供できる小屋を造って、アユの塩焼きをふるまうというわけです。

アユ漁は、各地にある内水面漁協が漁業権を持っています。漁を規制しているため、組合員以外の人が釣りをするにしても遊漁許可証を購入する仕組みになっています。その代わりに各漁協は、ダムや堰がある川では、上流で稚アユを放流しています。五月下旬から六月のアユ漁解禁の季節になると、テレビや新聞で季節の話題として取り上げられることが多い。鹿児島県出水市の米津川では、ユニークな催しがあります。漁解禁にあわせて希望者が刺し網を仕掛けて川に入ってアユ漁を楽しめます。もちろん有料で一日だけのイベント。河原では家族や職場のグループがバーベキューセットを置いて焼きアユを味わう光景が名物です。

ですが、アユの資源が減少しているため、多くの川では、そ上するアユが多い他県の川の漁協などから稚アユを取り寄せて放流しています。かつては滋賀県琵琶湖でとれる湖産のアユを放流していましたが、湖産アユに冷水病という病気にかかりやすい問題が起きました。琵琶湖産アユを放流しても、その川の水系に定着して繁殖、成長する確率が低いため、資源の回復につながらない悩みもあります。このため、地元で天然アユを増やそうと、いう傾向が強まっています。滋賀県によれば、一九九〇年代初めには河川放流用に琵琶湖産アユが約七〇〇〇トン出荷されていましたが、二〇一三年は一八三トンに減少しました。

農林水産省のまとめでは、養殖や放流用の稚アユの水揚げ量は、海産の稚アユを含めて二四五トンだった一九五七年以降では、一九八三年の八七八トンが最多。二〇〇〇年代に入って急減しています。二〇〇〇年に三一九トンだったのが、二〇一二年には九二トンまで落ち込みました。

川などでとれる天然ものを含めた漁獲は、一九五六年に五三一三トンだったのが、経済成長

養殖アユの水揚げ推移

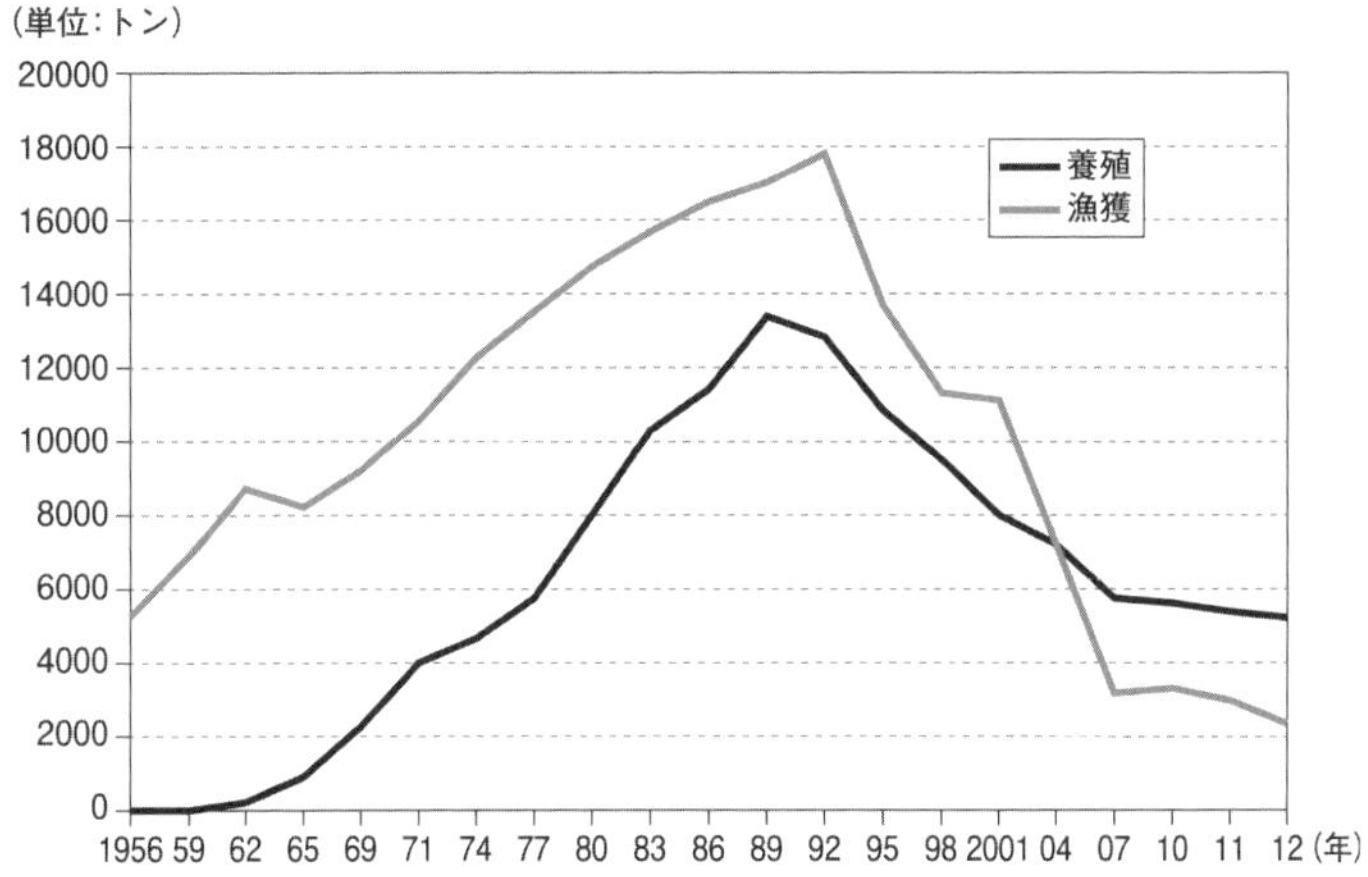

注：農林水産省の統計を参考に作成

稚アユの採取量推移

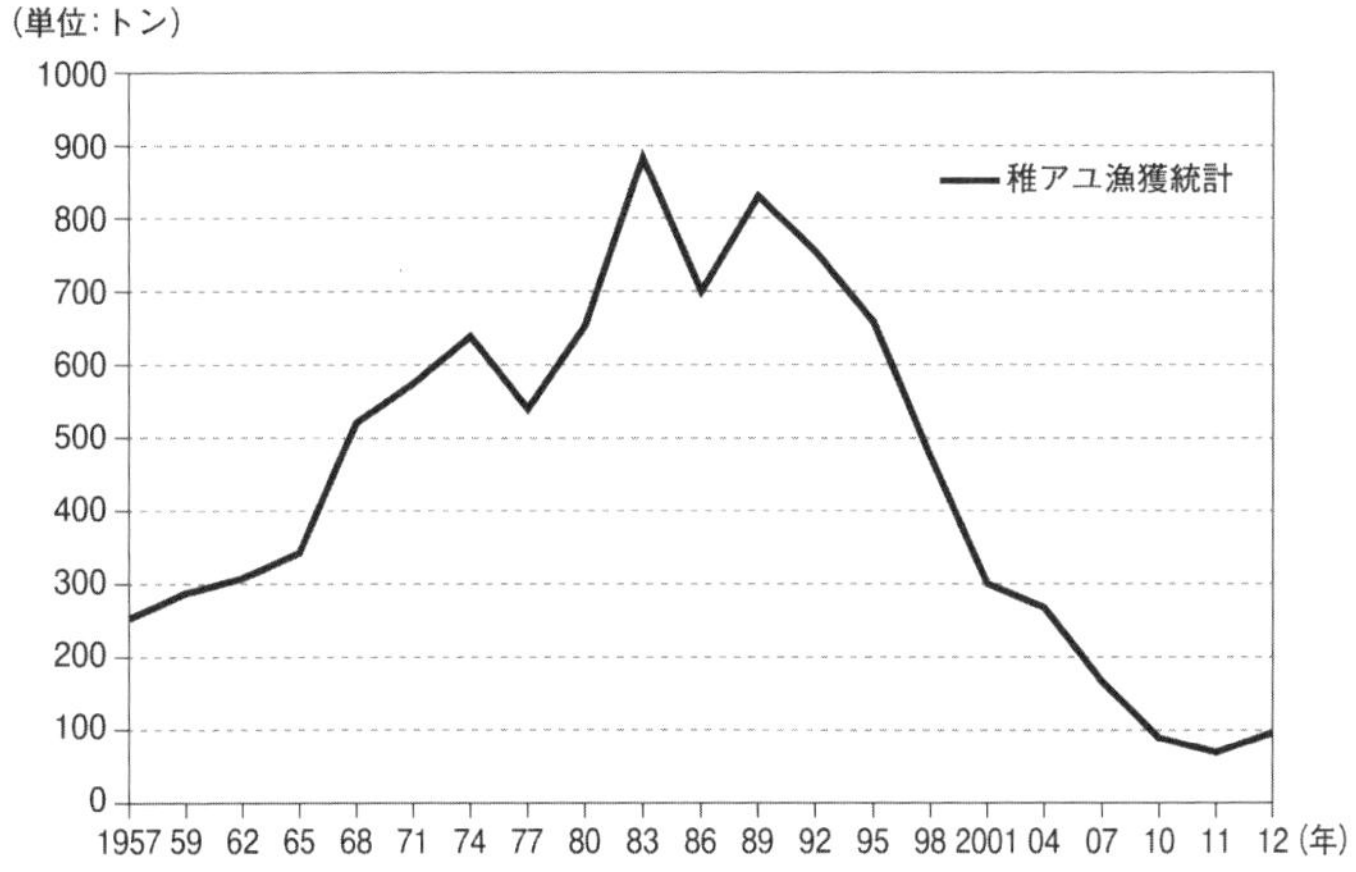

注：農林水産省の統計を参考に作成

などで増え続け、一九九一年には一万八〇九三トンに。しかし、その後二〇〇〇年代になって急減しています。二〇一二年は二五二〇トン。養殖アユも、ほぼ同じ傾向で、養殖に依存しなくてもよかった一九五六年には六六トン。一九九一年には一万三八五五トンでピークだったのが、二〇一二年は五一九五トンに。減った理由には、若者に魚嫌いが増えたとか、調理が面倒ということで売れにくくためというのもあるかもしれません。しかし、こんな傾向が続けば、アユがすむ川の環境への関心が薄くなって、生き生きした川を再生させる道が遠くなるだろうと感じてしまいます。

◆水辺の環境と食文化を守る

五月の端午の節句に男の子の成長を願って飾られるこいのぼり。コイは、生きがよくて縁起のよい淡水魚の代表として親しまれています。しかし、実際にコイの料理を食べる機会は、なかなかないものです。海から遠く離れていて、きれいな川や湖がある地域では、コイを食べる習慣が根付いているところもありますが、一九七〇年代より後に生まれた若い世代の人々は、コイが生息する環境が近くにあっても、食べる機会が減ったのではないでしょうか。コイやフナの水揚げ量の統計を見ると、一九九〇年代後半から減少傾向が続いています。鮮魚の流通の変化や河川改修、川や池の極端な汚れなどでコイが生息しにくい環境になったことなどが背景にあるようです。

わき水が豊富な地域では、養殖されたコイもあり、刺し身を氷水にさらした「あらい」や切り身を味噌汁に入れたコイこくなどで食べさせる川魚料理店もあります。温泉保養地として知られる大分県由布市湯布院町の老舗《しにせ》旅館・亀の井別荘の食事処では二〇〇〇年ごろ、昼食の弁当の中に地場産の牛肉を使ったローストビーフやコイのあらいを入れて人気のメニューになっていました。大分県で仕事をしていた時に立ち寄っていましたが、コイヘルペスウイルスというコイの感染症が発生したのをきっかけに一時的にコイの料理が消えたことがあります。若い客を中心に敬遠されるようになったためと言います。人間には感染しないとされるコイの感染症。「おいしいのに……」と残念に思っていたら、かなり時間が経過した頃に復活しました。

茨城県水産試験場内水面支場によると、霞ケ浦ではコイ養殖が盛んでしたが、二〇〇三年にコイの大量死が発生。国内で初めて見つかったコイヘルペスウイルス病と分かって、養殖されていたコイが焼却処分されました。法律に基づく処分とのことです。その後、病気になりにくいコイを育てる技術が茨城県で研究・開発され、養殖を再開しているという。農水省の統計では、霞ケ浦と北浦でのコイの水揚げは、一九七六年がピークで一七二三トン。フナも同年に一八四二トンもあった。それが二〇一〇年にコイが二九トン、フナが三五トンに減りました。

コイは外見がフナに似ていますが、口のところにひげのようなものがあります。背びれのしま模様のようなものの数がフナよりも多いのも特徴です。雑食性で水草や甲殻類、貝類、ミミズなどを食べ、春から夏にかけて水草に産卵します。サクラの花の季節に、福岡市の小さなため池の岸辺に名物のサクラの花が咲いていたので、写真を撮っていたところ、水面でバシャッ、バシャッという音が聞こえました。よく観察したところ、コイが数匹群れていて、すぐに「産卵の季節だ」とわかりました。また、コイのおいしさは野鳥にも理解できるようで、「海のタカ」とも呼ばれる猛禽《もうきん》類のミサゴが、福岡市の川のそばの池に空中からダイビングしてコイをわしづかみにして飛び去るのを写真に収めたことがあります。ミサゴは、魚が大好きな鳥でボラやチヌ（クロダイ）なども捕食します。

コイは、きれいな川を保とうという住民団体などの手で川や水路に放流されることも、かつてはありました。ニシキゴイも同じように放流され、時折身近な場所で見かけることもありますが、生態系を守るという意味では、好ましいことではありません。

野生のコイを観察していると、きれいな水よりも、やや濁ったような川や池で見かけることが多いようです。栄養分が多いためと見られます。福岡県南部を流れる九州で一番長い筑後川沿いでは、コイやフナを味わう食文化があり、川魚料理店が数軒残っているほか、直売所に立ち寄ると、川魚の甘露煮が並べられています。久留米市田主丸町という地域は、「ブドウの巨峰」栽培の国内先進地として知られ、ミカンなどの果樹苗木や植木などが古くから栽培されていますが、筑後川でとったコイを食べさせてくれる料理店も。創業者はすでに亡くなっていますが、川に潜って大きなコイを抱くようにして捕まえる業の持ち主だったというエピソードが残っています。捕まえた魚の臭みを減らすため、一定期間、水槽のきれいな水で慣らして調理するように心がけているとのことでした。川が豊かだった時代の話です。

農林水産省の統計では、一九五六年（昭和三十一年）に二四四二トンだったコイの漁獲量は、高度経済成長期の需要増加もあって増え続けた。ピークは一九八〇年（昭和五十五年）で全国で八四七九トン。コイヘルペスウイルス病が発生した二〇〇三年には二八八三トンだったが、二〇〇四年には一八四三トン、二〇〇六年は五七九トンと急激に減りました。二〇一二年は三三四トンだけ。伝統の食文化は、細々と守られていますが、こいのぼりのように再び大きく羽ばたいてほしいものです。

コイをわしづかみにした海のタカ・ミサゴ（福岡市）

コイに似たフナは、日本に住む人々の胃袋に入る機会が減っている魚の一つではないでしょうか。太平洋戦争後の食糧難の時代には、鮮魚の流通が、近距離の地域に限定されていたことや身近な環境で調達せざるを得ない事情もあって川や池、用水路で育ったのを取って食べていました。

「兎《うさぎ》追ひし　彼《か》の山　小鮒《こぶな》釣りし　彼の川」という唱歌「故郷《ふるさと》」の歌詞が、体験を通した思い出として語れるのは、どの世代まででしょうか。この唱歌は、一九一四年（大正三年）

に発表されたもので、一世紀も昔の自然景観が、今に残っていること自体がまれなことでしょうが、自然の生き物を遺伝資源として後世に伝えることは、忘れてはいけないはずです。

今の子どもたちが釣りの対象にしているのは、ブラックバスなど外来魚が多いようで、そこが問題なのです。釣り堀でのフナ釣りにしても、釣ったフナを再び逃がすリリースがルールになっています。食べるためにフナをとる機会はますます減っているようです。

しかし、フナの食文化が残っている地域も。九州や山口県の各地で新聞記者として取材を続けた私の感覚で言えば、フナの料理を看板にした料理店や鮮魚店がある地域は数少ない。強いて挙げれば福岡県柳川市と、その周辺でしょうか。有明海に面した干拓地など広大な平野には、筑後川や矢部川からの水を生活用水や農業用水として利用するため、掘割と呼ばれる小さな運河のような水路が縦横に走っています。地元の人々が「堀」などと呼ぶクリーク。かつては、飲み水として利用していた時代もありました。

コメや麦、大豆、イチゴ、イチジクなどの栽培が盛んな地域で、一九九〇年代初めごろまでは、畳表の原料になるい草も広い面積で作られていました。田畑の肥料として重宝されていたのが、堀の底にたまる泥。堀に生息するコイやフナ、ナマズなどは食料になった。稲の収穫が終わった後、堀を集落で共同管理している住民たちは、掘割の水を抜いて川底の潟土をベルトコンベヤーなどでくみあげて田んぼに還元する「堀干し」の作業をするのが年中行事になっていました。その作業の時にフナなどを取って食べていたのです。堀干しをしなくても掘割にすむフナなどをとって炭火で焼いて料理の出汁に使っていたという人もいますが、フナの食文化が忘れられつつあることは否めません。

　化学肥料が普及した結果、泥まみれの作業をしてまで田んぼの肥料を確保する必要がなくなったため、堀干しが次第に消えてしまった影響もあります。その一方で、掘割の役割を後世に伝えよう、と掘割の環境を守る住民運動を続けているグループなどが、時折堀干しを続けています。また、「フナの味が忘れられない」と寒い季節に「寒ブナ」を扱う鮮魚店もあります。昆布と砂糖、しょうゆで甘辛く煮詰めた加工品を買い求める年配者もいます。

フナ（佐賀県鹿島市）

　寒ブナを扱う鮮魚店主によると、掘割やため池にいるフナを仕入れるが、掘割の護岸がコンクリート張りに変わるなど改修工事が進んだ結果、おいしいフナがとれにくくなったという。

　柳川の掘割は、江戸時代に柳川藩の藩主となった田中吉政（一五四八年～一六〇九年）が、城を守る一方、農業用水確保などのため整備に力を入れたが基礎になったと言い伝えられています。田中吉政は、干拓地造成や道路整備にも力を入れた功績で知られています。現代風に言えばインフラ整備重視の殿様というところでしょう。現在の柳川市ではクリークの総延長は九三〇キロにも及びます。場所によっては底に水草が生い茂り、流れる水もきれいです。色鮮やかな淡水魚のバラタナゴも生息する場所も。タナゴの仲間は、ドブガイの貝殻の中に産卵する習性があり、貝は水を浄化する働きもあるが、ドブガイの生息数すら減っているような掘割があることも確かです。

柳川市内の掘割は、昭和三〇年代から四〇年代にかけては、ごみが投げ込まれるなど汚れが目立って荒廃していたそうです。隣の三橋町や大和町と合併する前の旧柳川市では、市街地の掘割にコンクリートにふたをして下水路にする計画が検討されたこともありましたが、一九七七年当時、市役所都市下水係長を務めていた広松伝さん（二〇〇二年に六十四歳で死去）が、当時の市長に埋め立てをやめて河川を浄化することを訴え、計画が変更されたというエピソードが残っています。「係長の反乱」として、語り継がれています。

広松さんらは、住民との対話集会を重ね、掘割が水不足に悩む干拓地に水路を巡らせて水をためる先人の知恵である点や、埋め立てれば掘割の保水の働きがなくなり、地盤沈下につながること、市街地の掘割では小さな舟に乗客を乗せて景観を楽しむ川下り観光が続けられているなどを訴え、河川の浚渫《しゅんせつ》などによって浄化し、再生させることが可能と訴えました。

広松さんらの努力によって市街地の一部の掘割は、よみがえりました。このことは、水の循環の考え方に基づいた河川浄化の手法として全国的に注目されました。柳川市は、詩人の北原白秋（一八八五年～一九四二年）が育った場所として知られています。童謡「ゆりかごのうた」や「からたちの花」など、今でも親しまれている数多くの作品を残しました。そのふるさとには、詩情を感じさせる風景が市内に数多く点在します。広松さんらの掘割再生の取り組みは、映画「柳川堀割物語」として描かれ、一九八七年に公開されました。映画は、「風の谷のナウシカ」や「となりのトトロ」などアニメーション映画製作で知られる宮崎駿氏の事務所が製作。監督は高畑勲氏でした。その後、掘割再生をさらに進めようと、住民団体「水の会」が結成されました。

しかし、柳川市は合併前に観光川下りコースの掘割沿いの景観を美しく保とうという条例をつくりましたが、それ以外の水路は、むしろ環境が悪化する状況が続いています。生活排水が流れ込み、富栄養化が進んだ結果、夏場になると、赤い色素をもつミドリムシが増殖して、鉄さびが浮かんだように水面が変色した光景があちこちで見られます。こうなれば、魚をとって食べたいという意欲はわかないものです。

寒ブナのあらい（久留米市田主丸町）

富栄養化した掘割でも水の流れがスムーズな場所では、水面が変色するような光景は生まれにくい。フナ漁は、昔ながらのきれいな水路が残る地域で、細々ながら続けられています。フナがおいしくなるのは、寒さが厳しい十二月ごろから翌年二月ごろにかけての季節です。身がしまって脂《あぶら》ものっています。雪の多い地域ではなおさらでしょう。福岡県久留米市田主丸町の川魚料理店では、筑後川で水揚げした寒ブナをあらいにしてメニューに加えています。ぬるま湯に少し浸して調理するのがコツらしい。試しに食べに出かけましたが、口にした寒ブナのあらいは、マダイの刺し身と劣らないほどの味でした。

佐賀県鹿島市では、毎年一月十九日の早朝、「ふなんこぐい」とも呼ばれる「ふな市」が開かれます。約三百年続く伝統行事だという。暗いうちから路上に置いた水槽にマブナが並べられ、即売されます。体長三〇センチ近いサイズのものも。買って帰ってフナを昆布で巻き、酒やしょうゆ、砂糖、ショウガ汁などを混ぜて長時間煮詰めるのがコツ。「ふなんこぐい」とは、このフナの昆布巻きのことで、佐賀県各地にある豊漁などを祈るえびす像にも供えられます。ふな市では、調理したフナの昆布巻きも販売されます。フナは、福岡県柳川市のクリークでとれたフナも出荷されていました。

フナの食文化で忘れていけないのは、フナ寿司《ずし》でしょう。滋賀県の琵琶湖沿いの地域に伝わる。塩漬けにしたフナとご飯を重ねて長期保存し、発酵させた伝統食品。なれ寿司の一種とされます。琵琶湖は、アユやスジエビなど淡水魚がたくさんとれて、沿岸の地域では独特の食文化がはぐくまれてきました。フナ寿司に使われるのは、ニゴロブナという種類。湖岸に近いヨシ（別名アシ）が群生した浅瀬や田んぼで産卵する習性がある。滋賀県の資料によると、三月から五月にかけてとった、卵をもつニゴロブナを塩漬け加工。二年間漬け込んだものをいったん塩抜きして天日乾燥した後、ご飯を重ねてさらに一年間漬けて発酵させるという老舗の業者もあるという。しかし、琵琶湖では外来魚のブラックバス（オオクチバス）やブルーギルが増殖。昔からすむ在来種のエビや小魚をえさにしていることから、琵琶湖の漁業に深刻な影響を及ぼしています。滋賀県水産課などによると、琵琶湖とその周辺で一九八八年（昭和六十三年）に一九八トンだったニゴロブナの漁獲量は、その後に激減。二〇〇三年には二九トンまでに減った、琵琶湖周辺のほ場整備事業で琵琶湖と水田をつなぐ水路の構造が、フナなどが田んぼと水路の間を行き来できなくなった影響も指摘されています。

このため、滋賀県は二〇〇六年にニゴロブナの資源回復計画をまとめて、水路と田んぼを結ぶ魚道を取り付けるようにするなど田んぼで繁殖する魚の生態系を守る取り組みを始めました。「魚のゆりかご水田プロジェクト」と名付けられ、水路と田んぼの水位を同じ高さに保つ工夫を琵琶湖沿岸の水田で進めています。「魚のゆりかご水田米」は、二〇〇六年に滋賀県の申請で商標登録されました。このブランドでコメを出荷するためには、

（1）魚毒性が最も低い除草剤を使用する
（2）魚の生息環境に影響を与えないような肥培管理をする
（3）コメづくりの農作業で、田んぼの水を抜く中干しの際は、田んぼにいる魚を水路に出す

などを心がけることを条件にしています。ニゴロブナなどの生息環境を確保しながらコメづく

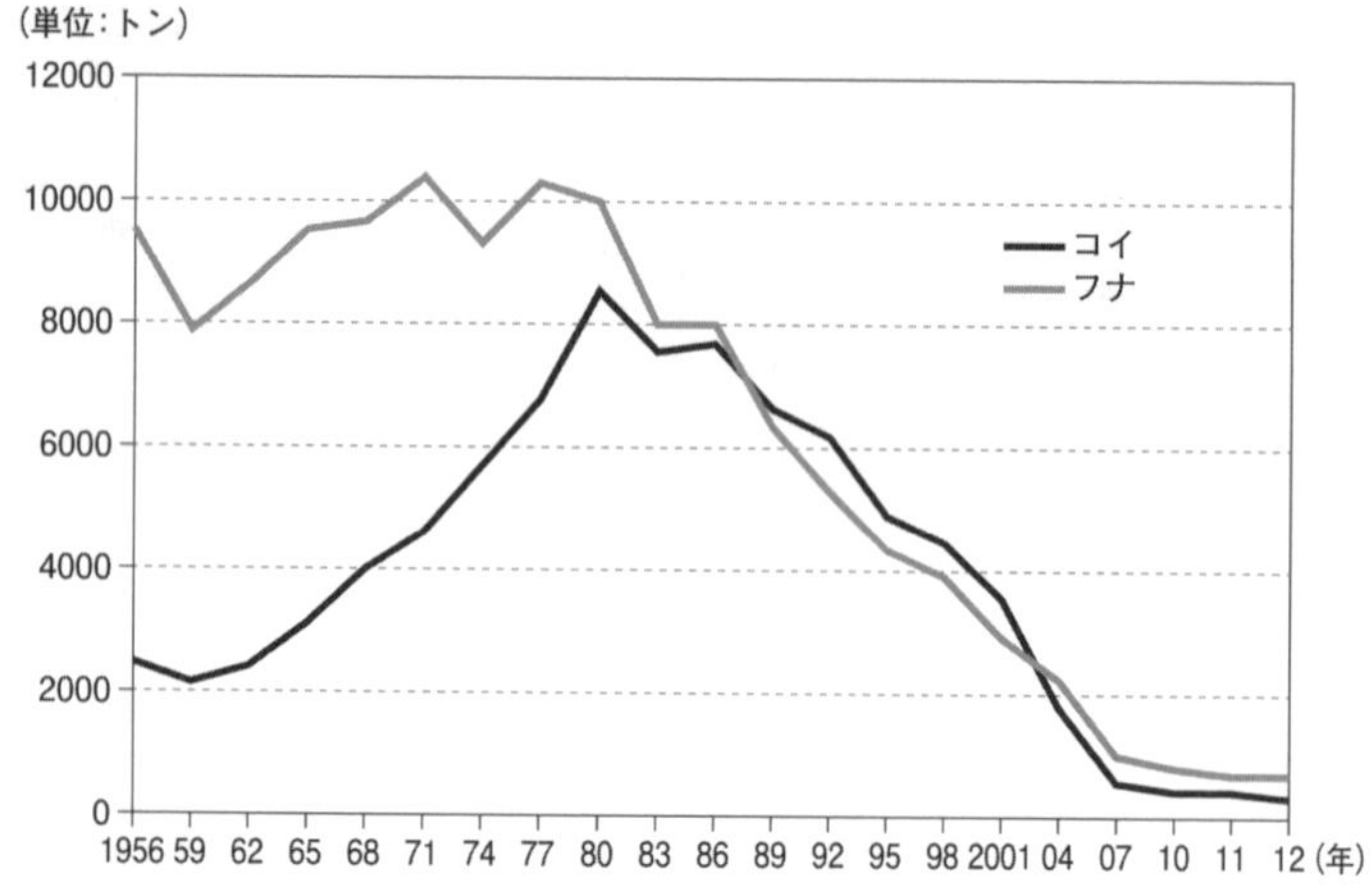

フナとコイの漁獲量の推移

注：農林水産省の統計を参考に作成

りをする共生型の農業には、国からも環境支払いの助成金も出ました。この結果、田んぼで産卵するニゴロブナが増えたほか、ナマズなどが田んぼで見られるようになった効果も報告されています。

ヨシ群落でも繁殖するニゴロブナを増やすため、人工増殖した稚魚を放流しているほか、漁獲制限のサイズを体長二二センチ以上として、それ以下の小さなフナをとらないように漁業調整規則を改正しました。資源回復計画の効果かどうかは不明ですが、農林水産省の統計では琵琶湖産のニゴロブナは二〇〇六年に三三トンだったのが、二〇一二年には四八トンになった。しかし、フナ全体の漁獲量を統計上の数字で見ますと、コイよりさらに減っていることがはっきりわかります。農水省のまとめでは、一九五六年に九五一九トン。高度経済成長期には、少しの増減があったものの一九七〇年には一万四三三トンと一万トン台に増えました。一九八〇年の一万六六六トンまでは、ほぼ年間一万トンを記録していたのが、その後次第に減少傾向に拍車がかかりました。二〇〇〇年には二九四八トン、二〇〇八年には九一七トンと千トンを下回った。二〇一二年には六四四トンまでに落ち込んでしまいました。

◆すむ場所を失ったドジョウ

子どもの頃を田舎で過ごした私には、ドジョウをえさに釣り針を川に沈めておいてウナギを取った思い出があります。天然ウナギの蒲焼きが、子どもでも口に入った。そんな環境は、二十一世紀の日本には、ほとんど見あたらないと言っていいでしょう。

ドジョウが減った原因は、今では使用が認められない農薬の影響のほか、効率化を追求した農業用の水利施設だと言っても過言ではないだろう。「ほ場整備」の名のもとにさまざまな形の田んぼが、農作業を機械化しやすいように、と四角の形につくり直された。そのうえに送水管で灌漑《かんがい》用水を送り、排水路もコンクリートで造られた農村の風景が、全国各地に広がっています。

田んぼと小川の間を行き来して命をつないできたドジョウやナマズ、フナなどの生き物にとっては、生きていく上で欠かせなかった場所を追い出されたことになります。「農作業が楽になるように」という人間の側の経済性を追求した作業効率化の論理によるものです。しかし、数多くの生き物を大切にしながら暮らしの豊かさを追求するという「生物多様性戦略」の時代の流れからすれば、ちぐはぐな農業土木技術だと言えるのではないでしょうか。

かつてはドジョウやナマズ、フナは、農山村の貴重な食料資源でした。福岡県南部の筑後地方では、ハヤという小魚を甘辛く煮詰めた「甘露煮」が受け継がれています。さらに田んぼでの米づくりが育てたと言ってよいドジョウやカエルなどの生き物たちは、一方で野鳥たちの命をつなぐえさになっていました。今でもコサギやアオサギなどのサギたちが、田植えが始まる頃から苗が濃い緑になって育つ頃、田んぼでえさを探す光景があちこちで観察できます。トキやコウノトリ、ツルも好みの違いこそあれ、ドジョウが好物です。大型の水鳥だけに必要なえさの量も多く、農薬や米作りの考え方の変化の影響で激減しました。

トキやコウノトリは、国内では野生で繁殖する姿がしばらく消えましたが、トキは中国から、コウノトリはロシアから親鳥を借りたり譲り受けたりして人工的に繁殖。野生復帰させる試みが続いています。トキは、最後まで野生の鳥が残った新潟県佐渡市に、またコウノトリは兵庫県豊岡市に繁殖と野生復帰を支援する施設があります。ふ化したひなたちに与えられるのは、

ドジョウ（大分県宇佐市）

トキの場合、ドジョウが主なえさで馬肉も与えるという。ドジョウは、大分県で養殖されたものを利用した時期もあるという。

ドジョウは、トキなどのえさだけでなく、伝統的な和食の食材です。東京の浅草に創業二百年余りという老舗のドジョウ料理店があります。店には「江戸の文化道場」という看板も掲げてあります。古い歴史を感じさせる木造の店舗では、小さな鉄鍋にやわらかく下ごしらえしたドジョウに長ねぎをのせて特製のだしをつぎ足しながらドジョウ鍋をいただけます。「江戸の文化」として受け継いでいて、浅草寺や東京スカイツリーなどの観光で全国各地から訪れた人たちの舌を楽しませています。ドジョウは大分県から取り寄せているとのことです。

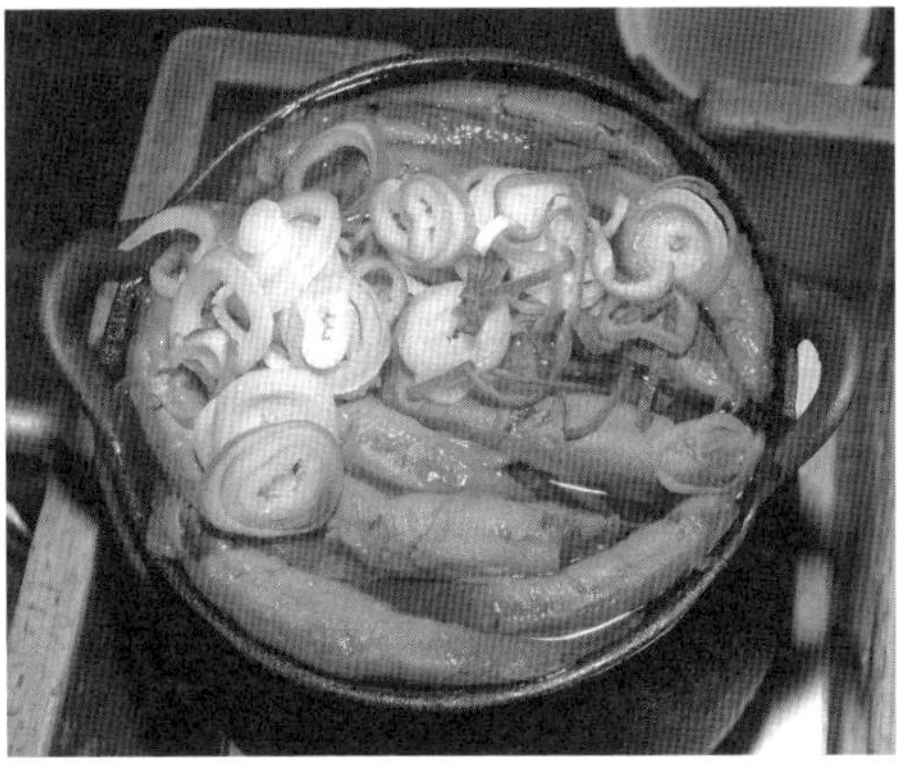
東京浅草で200年続くという店のドジョウ鍋（東京，浅草）

大分県でのドジョウ養殖は、特産品づくりのひとつとして二〇〇六年度に始まりました。コンクリートで囲んだ養殖池で育てる方法。泥の中に潜り込んで冬を過ごす習性があり、水揚げがしにくくなるのを避けるためコンクリート造りの池にしているのです。大分県農林水産技術指導センター内水面グループ調べによると、同県産のドジョウは二〇一二年度に約一八トンにのぼったという。

ドジョウは本来、田んぼで育つ生き物。川が、増水した時に水田に入るような構造になっていた昔からの水田地帯では、田んぼに水が張られると川にいたドジョウが田んぼに入って初夏の頃、産卵。田んぼの小さな生き物などをえさに育っていました。

大分県産のドジョウは、宇佐市院内町や安心院町で養殖。農家民泊を経営している一部の家庭で空揚げや蒲焼き、鍋料理として来客に提供されています。安心院町は、宇佐平野から山間に入った盆地で、もともとスッポン料理が名物でした。ブドウ栽培も盛んな地域で酒造会社がワインを醸造・販売するワイナリーもある観光地でもあります。ドジョウ料理を出す民泊受け入れ農家は限られていますが、宇佐市安心院町で「農家民泊」を営む家では、囲炉裏で調理する蒲焼きなど珍しいドジョウ料理が好評のようです。

トキのほかツルやコウノトリの飛来地や人工増殖に熱心な地域では、野生の状態で鳥たちがえさを取れる環境が広がることを目指していますが、田んぼでドジョウやフナ、カエルなどが増えるには、小川と田んぼの間を魚たちが行き来しやすい「水田魚道」を設けたり、田んぼから水が抜かれる稲刈りの前に避難できる、小さな水たまりの「ビオトープ」を用意したりする工夫が必要です。

もう一つは、養殖されるドジョウを遠く離れた場所に運んでえさにする場合、それぞれの地元にすむドジョウとは異なる遺伝子を持つこともあって、遺伝子が交雑しないように気配りを

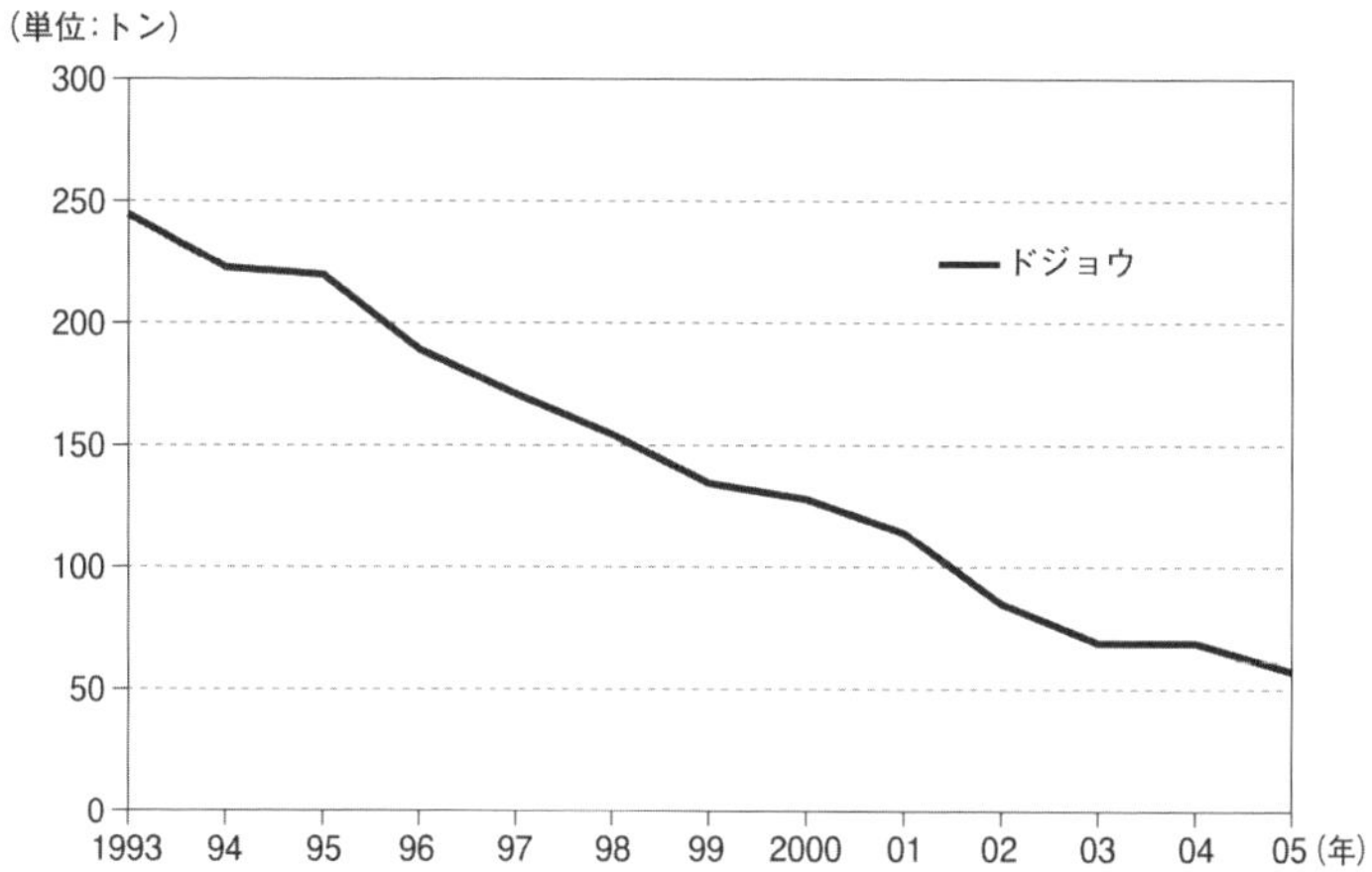

ドジョウの水揚げ量の推移

注１：2006年以降は公表なし
注２：農林水産省の統計から抜粋

することも大切です。

豊岡市で繁殖し、放鳥されたコウノトリが、遠く離れた山口県や九州の福岡県、佐賀県に飛来したのが、観察されました。いずれも「滞在」は、短期間のようです。長期間にわたってすみつくには、えさとなる生き物が豊富な環境があることが必要だということかもしれません。

野生のコウノトリが、日本に飛来することもたまにあります。数は少なく一羽のことが多いようです。二〇〇五年十二月から二〇〇六年四月にかけて鹿児島県薩摩川内市で、一羽のコウノトリが冬を越したのを観察したことがありました。場所は、九州の河川では筑後川に次いで長い川内《せんだい》川の河口に近い田園地帯。海岸沿いにある九州電力川内原子力発電所から少し離れた地点でした。南側には小高い丘があり、いわゆる「里山」になっていて、春先にはヤマザクラや新緑がきれいな環境でした。

田んぼの周りには小川が流れていて、ハヤなど小魚もいる。土手がある農業用水路もあり、ドジョウもいました。コウノトリが何をえさにしているか、関心を寄せて時折、写真撮影を試みました。その結果、アカガエルやドジョウ、オイカワという淡水魚を食べていたことがわかりました。時には小さいウシガエルやオタマジャクシもえさにしていました。カエル類は、レンゲソウが咲いた田んぼでよくコウノトリに食べられていました。

◆ノリ養殖の「酸処理」で議論も

ノリと言えば、皆さんはどんな食べ方を想像しますか。コンビニエンスストアに並んだおにぎりでしょうか、それとも巻き寿司やイクラなどをのせた軍艦巻き、あるいは家族や友だちとみんなで楽しむ手巻き寿司か。戦後間もなく熊本県の有明海沿いで生まれ、育った筆者にとっては、温かいご飯をノリで包むおにぎりや運動会などの時に母親が手作りしてくれた巻き寿司が頭に浮かびます。

手料理を楽しむゆとりが少なくなった今では、コンビニのおにぎり用のノリの消費が一番多いとの話です。風味がよい黒っぽいノリは、海水に含まれる窒素やリンなどの栄養を吸収した海藻を乾燥、加工したものです。食料品売り場では、板状のノリのほか、味付けノリや刻みノリなど、さまざまなものが並びます。一番おいしいのは、板ノリを火であぶって食べるやり方で香りがよい。ノリをちぎって刺し身をまき、しょうゆにつけて食べると、魚の味とノリの風味を同時に味わえます。このノリの利用法は、ノリの産地の福岡県柳川市に住んで取材活動をしている頃、地元の料理店で教えてもらったものです。

ノリは、晩秋から翌年春先までが漁期です。戦後間もない頃は、自然の干潟が各地に広がり、ノリ養殖が盛んでしたが、干拓事業や工業用地として浅瀬の干潟が埋め立てられ、産地が激減しました。現在、全国の生産量の約四割を占めるのが、九州北西部の有明海です。

ノリと言っても、冬場に河口などで育つアオサのアオノリもありますが、黒っぽいノリは、アマノリと言われる海藻の一種。黒っぽいノリと言えば、アサクサノリという品種が主流の時代が、一九七〇年ごろまで続きました。今ではスサビノリという品種が養殖場の主役になっています。アサクサノリは、江戸時代に隅田川下流域でとれたものを和紙づくりに使う、細かく編んだ竹製の簀の子を使って板状にしたのが、名物になったと伝えられています。スサビノリよりおいしいらしいですが、病気に弱いため、ノリ養殖の現場から遠ざけられたという。環境省のレッドデータブックでは、絶滅危惧種に挙げられるほどです。

ノリ養殖は、ノリの胞子をカキの貝殻に付着させて漁網につるして、成長した葉状の芽を摘み取ります。現在の養殖技術が生まれるには、イギリスの女性研究者の大きな発見がきっかけになりました。

マンチェスター大学で海藻を研究していたキャスリン・メアリー・ドリューさん（一九〇一年～一九五七年）が、ノリの生活史を調べているうちに一九四九年のある日の朝、海岸でカキの貝殻に糸状のものがあることに気づいた。顕微鏡で調べたところ、ノリであることがわかった。この情報が日本にも伝わり、カキ殻にノリの糸状の胞子を付着させて夏を越させる養殖技術が生まれたのです。熊本県がカキ殻に胞子を付着させるノリ養殖技術発祥の地とされます。その後、ほかの有明海沿岸の各県や全国各地に広がりました。ドリューさんを「ノリ養殖の恩人」として、功績をたたえる記念碑が、有明海に面した熊本県宇土市の住吉神社の一角にあります。一九六三年四月に全国のノリ養殖関係者らが建立したものです。記念碑には「糸状体の発見者　ドゥルー女史記念碑」と書かれています。

カキ殻を利用する養殖技術が開発される前は、干潟などに竹を並べて、ノリの胞子がつくのを待つやり方が一般的だったという。有明海でのノリ養殖は、干潟に立てた支柱に養殖用漁網を結ぶ方法。ノリが芽を出してくるのを待ち、約二〇センチに生育した頃、漁網の下を回転式カッターを備えた作業用の伝馬船を動かして収穫するのです。

養殖の方法は、干潟に支柱を立てるやり方と養殖網を海面に浮かべて、生育を待つ「浮き流し式」があります。潮流の干満の差が最大で六メートルもあり、広大な干潟がある有明海では、支柱式がほとんどです。

支柱式のノリ養殖の場合、海での作業は九月上旬ごろから始まります。干潟に長さ約一〇メートルのグラスファイバー製の支柱を立てることが最初の作業。ジェット水流で干潟に穴を開けて立てやすくします。養殖用の一区画の広さは、長さ三六メートル、幅一八メートル。支柱は一区画あたり六十六本の計算になります。養殖に適した場所は、大きな河川の河口域の沖合。川から運ばれる栄養分が広がっていく場所は、ノリの生育もよいのです。漁業権は、有明海の場合、沿岸の四県の漁業協同組合が持ち、養殖場を区切って組合員に振り分けられます。もちろん「使用料」が要ります。

ノリ養殖。網の下にはカキ殻を入れた袋（柳川市沖の有明海）

ノリ養殖には、漁船や漁網のほかに収穫したものを加工、乾燥する設備が必要となります。佐賀県などでは、生産コストを安くして、加工場からの排水処理で環境への負担を少なくするなどのねらいで、栽培や加工の協業化が進められています。乾燥設備への投資には数千万円もかかるケースもあり、個人で所有する場合、負担が重くなります。国内の農業や漁業では、後継者難が大きな課題とされますが、ノリ養殖も例外ではありません。

本格的にノリ養殖が始まるのは、海水温が二十四度以下になる十月半ばごろになります。支柱に取り付ける養殖網には、小さな袋にカキ殻を入れたものがつるされています。ノリの胞子を付着させた貝殻。漁師たちは「落下傘」などと呼んでいます。漁網は三十枚程度重ねてあり、支柱に取り付けられた後、ノリの胞子が発芽して葉っぱのように成長します。ノリの収穫まで約一カ月かかりますが、約三分の一を残して、後の養殖網は途中で引き上げて冷凍庫に保管。収穫した後に次々に網を取り換えて、翌年春先まで養殖を続けるのです。

広大な海域での養殖は、潮流や河川水の流入の状況などによって出来栄えが違ってきます。海水温や栄養分が養殖にどんな影響を及ぼすか、各県の水産研究所がほぼ毎日、調査してデータを公表しています。品質のよいノリをつくるため、漁師たちはノリに赤腐病などが発生しないか、ノリの栄養分を奪う植物プランクトンが異常発生しないかなどに気を遣います。色が黒くて香りのよいものが、好まれるからです。収穫作業は潮の干満にも影響されます。干潮の時に養殖網が、支柱に下がったまま天日干しの状態になり、日差しと風にさらされますが、殺菌効果もあって病気が発生しにくいという。

ノリは、最初に収穫される「一番摘み」のものが年末に出回ることもあり、贈答用に高値で取引されます。でも、かつてのように高級品扱いは難しくなっているようです。生育が順調ならば、もちろん味はよいのですが、家庭で巻き寿司などの料理に使うことが少なくなったことや、コンビニのおにぎり用の需要が増え、価格は低迷気味です。

ノリ養殖は秋から春先にかけての作業が主で、しかも、夜間に船に乗って出漁するケースもしばしばです。ノリの単価が安い上に設備投資に金がかかるとなれば、養殖場を広くして、たくさんのノリ網を張るということになります。しかも、病気や色落ちを防ぐための対策も必要です。加工されたノリは、有明海沿いの各県ごとに組織された漁業組合連合会や漁協を通して出荷され、ノリを扱う商社が参加する入札会に出され、競り落とされます。近年の相場は板ノリ一枚の平均価格は、卸売り段階で平均十円程度。価格が安いと、大量に作らないと、投資した経費を上回るような稼ぎが必要になって、経営規模を拡大せざるをえなくなってしまいがちです。このため、養殖の過程で病気が発生しないように弱酸性の薬剤でノリ網を処理する方法が、ノリ養殖で定着しています。いわゆる「酸処理」は、水産庁が認めたものですが、有明海の魚介類の生息環境に影響が及んでいると、反対する声も多く出ています。

ノリの収穫

二〇一五年三月五日に、アサリなど有明海の魚介類の水揚げが激減した要因のひとつは、ノリ養殖で使われる酸処理剤だとして、福岡県など沿岸の漁業者ら二百人が熊本地方裁判所に国を相手取った訴状を出しました。（1）一九八四年九月に都道府県知事あてに出した酸処理の水産庁次長通達は違法であることを確認する（2）漁業権や良好な環境で生活する環境権を侵害された原告一人あたり十万円の慰謝料を支払えとする内容です。

ノリの色落ち

訴状によると、酸処理剤は、ノリ養殖で海水温が高くなると発生するアオノリや雑菌を抑えるためのものでクエン酸に予防効果があるが、ほかにリン酸ナトリウムや硝酸アンモニウムなどの化学肥料成分が五〇パーセント以上含まれる。コカコーラにアオノリを駆除する効果があることにヒントを得たものとされるが、酸処理剤に含まれる有機物は、ノリに吸収されないものもあり、それが植物プランクトンの増殖や赤潮の発生につながる。海底では硫化水素が発生。貧酸素域が生じるため魚や貝の水揚げが減った。有明海沿いの四県で使用される酸処理剤は一九九七年に一六四三トンだったのが、二〇一二年には三七八三トンになったと指摘しています。

これに対して水産庁は「化学肥料の成分は、訴状に書かれているほど多くはない。酸処理剤の環境への影響は検証済みだ」としています。

ノリ養殖でもうひとつの問題は、栄養塩、ことに窒素分の不足によるノリの色落ちです。色落ちは、ノリが吸収するはずの栄養分を、ほかの勢力の強い植物プランクトンがとることでも起きます。大規模に養殖している場合、河口から離れた場所などでは、栄養分が足りなくなってしまうケースもあります。このため有明海沿岸の下水処理場では、冬場に限って窒素分を法的に許される範囲で多く含んだ処理水を海に放流している自治体もあるほどです。栄養塩不足をカバーする「外科的手法」としては、窒素分を含んだ肥料を養殖場にまくこともあります。有明海では、大きな河川が少ない佐賀県西部の海域で時折行われます。佐賀県によると、海の環境への影響に配慮するため窒素分がどの程度不足しているのか、栄養分を「横取り」する植物プランクトンが異常発生していないのかを調べて、まく肥料の数量を計算すると説明しています。

ノリの色落ちは、二〇〇〇年度の養殖シーズンに有明海各地で発生しました。国営諫早湾干拓事業で一九九七年四月、諫早湾の奥部への潮流を遮断する潮受け堤防の閉め切り工事が行われた後、有明海の漁業不振が続いていた時期だけに、ノリの不作も潮流の変化と関係があるのではないか、と干拓事業見直しの議論が広がったのです。もう一つの問題は、地球温暖化による海水温の上昇です。ノリ養殖は、海水温が一定の温度より低くならないと、ノリの生育がよくないとされます。このまま温暖化の傾向が続くと、おいしいノリの養殖にも影響が出ることも十分考えられます。

◆産卵場所を奪われたシロウオ

和食の神髄といえば季節感を味わえることが挙げられるのではないでしょうか。南北に長い日本列島。だから地域によって旬を感じる食材や時季が異なるはずです。食習慣もそうでしょう。ツクシやタケノコ、ウメ、キノコなどがありますが、春の訪れが近いことを感じさせるのはシロウオでしょう。

ハゼの仲間の細長い、小さな魚。成魚は体長が約五センチ。味は淡泊で、「どこがおいしいの」という人もいるかもしれません。ですが、水揚げされたばかりでピチピチしたものを酢じょうゆにつけて食べる「躍り食い」は、西日本ではまだ肌寒い時季の旬の味です。てんぷらや卵とじもおいしいものです。

シロウオをとる漁法は、地域によってさまざまです。四角形の大きな「四つ手網」をゆっくり上げ下げして取ったり、河口近くに「やな」を設けたりしてとる漁法が各地に伝わっています。シロウオは、河口近くの小石が転がっている場所を選んで、石の裏側に卵を産みつける習性がありますが、河川改修などの影響でシロウオの資源量が減っているところが多いようです。環境省のレッドデータブックで準絶滅危惧種に挙げられています。

筆者がシロウオ漁で強く印象づけられたのは、山口県萩市の松本川での四つ手網を使った漁法。萩市は、吉田松陰や高杉晋作など、数多くの人材を生んだ町として知られます。阿武川が、河口近くで二つの川に分かれ、大きな三角州に町が作られました。江戸時代の地図が利用できるというほどの見事な城下町の町並みが残る土地です。シロウオ漁は、東側の松本川や姥倉《うばくら》運河と呼ばれる場所などに漁船を浮かべ、船の上で網を上下に動かしてシロウオをすくい上げるのです。二月初めから四月初めまで続く。

長門市にある山口県水産研究センターによると、戦後間もない一九五〇年には七トンもの水揚げがあった記録が残されています。その後、漁獲量にはばらつきがあったものの一九七二年までには毎シーズン一トン以上を記録。明治維新の志士たちの功績を語り継ぐ町の環境を守ってきました。だが、一九七三年には五四八キロに激減。一九七六年に三・八トンに回復したものの、その後は次第に減少傾向をたどっている。四一〇キロだった二〇一三年までに、一トン以上の水揚げがあったのは一九九七年一・六トンが最後だ。平成の世になって漁場の環境が悪化したことで減り続けています。

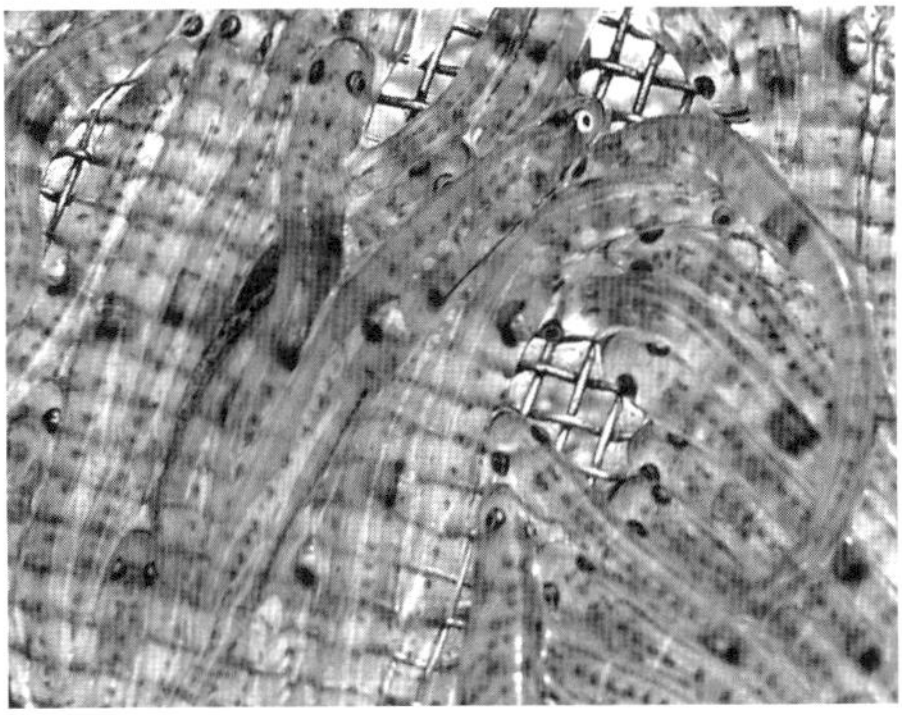
シロウオ（福岡市）

シロウオは、春先に満ち潮にのって川をさかのぼり、ごく薄い塩分濃度になる水域で川底の小石に産卵する。川底に小石が転がっていて、塩分が薄まっているような環境がよいというわけです。塩分濃度が薄くなるには、雨が降って、ある程度の水流が確保されないといけない。水量が少なく流れがゆるやかだと、石が土砂に埋まってしまうことになります。

二〇〇二年に萩市の松本川では、五五キロしかとれず、シロウオの漁場環境がピンチに陥りました。このため産卵場となる川底に産卵に適した小石を投入したり、清掃をしたりしていたが、萩白魚組合（井町広満組合長ら十六人）では、消防ポンプ車で川底

四つ手網漁（山口県萩市）

に圧力をかけた水を送って、土砂を浮かび上がらせるなどの作業を試みた。その結果、少しずつ水揚げが増えてきたという。

山口県水産研究センターによると、シロウオの水揚げが減ったのは、漁師の高齢化や河川改修などで松本川の水量が以前と比べて減ったこと、生活排水などが要因として考えられるとしています。

萩白魚組合のメンバーは、昭和四十年代に四十二人を数えた時期もあったそうです。もっとも、シロウオの水揚げがひとシーズンに一トンを超えるという豊かな川は、全国的に見てもほかにあるのか、疑問を感じますが……。私が萩市に新聞記者として駐在したのは、一九八〇年代の後半で、当時はシーズンを通して一トンを上回った。その当時は、スーパーにもパック入りのシロウオが並べられ、シロウオのてんぷらなどさまざまな料理を自宅で味わえたものでした。

四つ手網を上下に動かして満ち潮にのってそ上するシロウオをとる漁法も、はたから見ればのんびりしていますが、網を上げるタイミングなどが難しいようです。それに対して、そ上するシロウオを通せんぼしてすくい取る漁法もあります。福岡市の西部を流れ、博多湾に流れ込む室見川では、河口から約一キロのところに「やな」を置いて、シロウオを水揚げする漁法が伝えられています。

ヨシ（別名アシ）や丸太などで「W字形」に組んだやなを設置。W字の谷間の先に金網を置いてシロウオを捕まえる漁法です。

延長約一五キロの室見川。上流域では山の斜面を削って住宅地の開発が進み、かつてのようにさまざまな生き物がすむ豊かな環境が、だんだん失われていますが、ゲンジボタルが生息する場所もあります。福岡市のまとめでは、室見川のシロウオ漁は、一九七六年以降で最も多かったのは一九八八年の八二二キロ。その後一九九〇年には六七キロに激減。一九九三年には七九〇キロまで回復したものの、九四年には一九三キロに減り、九六年はわずか一二キロに急落。二〇一〇年には一六〇キロで、少しだけ取れる数量が回復しましたが、二〇一四年は四四キロと激変しています。

シロウオのやな漁

シロウオは、こぶし大の石に産卵するが、室見川では、産卵に適した小石が土砂に埋まってしまうこともあり、しろうお組合のメンバーや地元の大学生らが研究を兼ねて石を掘り起こす作業を毎シーズン続けています。川には、こぶしのサイズや子どもの頭ぐらいの大きさの石が転がっています。土砂に埋まる要因としては、上流に農業用水などの取水堰《ぜき》がいくつかあり、流水量が少ないことのほか、市民らが散歩や自転車こぎなどを楽しめる道を両岸に設けて、川幅を狭くしたことなどが考えらます。さらに、シロウオの研究者の中には、博多湾の埋め立てが進んだ結果、シロウオの稚魚が育つ浅瀬が少なくなったと指摘する声もあります。

室見川の河口近くには料理店があり、シロウオがとれる時季になると、シロウオ料理を看板にしてきました。数量が少ないと、佐賀県などよそから仕入れをしないと、間に合わなくなっているようです。

シロウオは、ハゼの仲間で、腹びれが吸盤状になっています。鱗《うろこ》がなく、体の一部に黒い模様がありますが、ほとんど透明です。室見川のシロウオのやなのそばでは、年によってはプレハブ造りの料理店も登場します。春先には、渡り鳥のユリカモメの群舞がみられる。よく観察すると、やなの上で羽を休めて、時折川面にダイビングをして何かを取って食べています。連続撮影した写真のコマを開くと、シロウオが写っています。なんとまあ、野鳥の本能はすごいもので、シロウオが上げ潮にのって泳いでいるのを知っているようです。余談ですが、別の川では体長数センチのボラの稚魚をユリカモメが捕食しているのを撮影したことがあります。

よく似た名前の魚のシラウオは、生きている時は体が白く半透明です。シロウオに似た点もありますが、主に河口など汽水域にすむサケの仲間だとされる。体長も約八センチでシロウオより大きい。寿司のネタとしても流通しています。

シラウオの仲間に有明海と、そこに注ぐ河川の特産の種類でアリアケシラウオとアリアケヒメシラウオという魚がいます。いずれも希少種で環境省のレッドデータブックで絶滅危惧種Ⅰ

Aに分類されています。アリアケシラウオは、福岡県と佐賀県の県境に注ぐ筑後川で秋に産卵しますが、生態はよくわかっていないようです。体長一七センチぐらいに成長。高級魚として、ごく少量が流通し、吸い物などの材料として好まれています。一方、アリアケヒメシラウオは体長五センチぐらい。筑後川や同じ有明海沿いの熊本県の緑川に生息しています。

◆農薬で激減したテナガエビ

テナガエビ（鹿児島県さつま町）

田んぼのそばの川から姿を消した生き物のひとつに、テナガエビがいます。長いハサミをもった灰色がかった褐色のエビ。長さは五センチから約二〇センチ。夜行性で小魚や水生昆虫をえさにしています。テナガエビが減った代わりに増えたのが、外来種のザリガニ。水がよどんだ場所にもすすめるようで、子どもたちの遊びで人気者です。

テナガエビを実際、手に取ったり目にしたりした人は、たぶん少ないでしょう。あえてテナガエビのことを持ち出したのは、食料が乏しかった、筆者の子どもの頃は、小川で時折とれるおいしい食材のひとつとして思い出に残っているためでもあります。

テナガエビは今では、漁師さんが水揚げをして地元の料理店や家庭に流通しないと、味わえないもののようです。二〇〇四年ごろだったと記憶していますが、鹿児島県薩摩川内市に記者として駐在していた頃、たまたま立ち寄った川内川の中流域の料理店で「川エビ」のメニューが出ていました。注文すると、真っ赤な空揚げとみそ汁に入れたテナガエビ料理が目の前に出されました。空揚げは、サクッとした食感でビールのつまみにはピッタリという感じ。あいにく仕事の途中でビールは飲めませんでしたが、入手先や漁の情報を教えてもらいました。

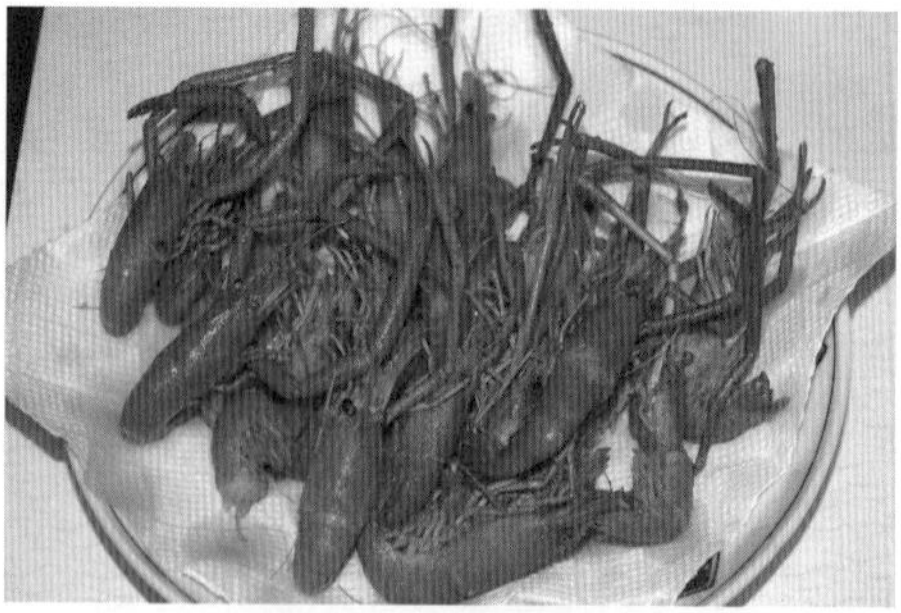

テナガエビのから揚げ

延長一三七キロの川内川は、九州では筑後川（延長一四三キロ）に次いで長い川です。ウナギやアユなどを趣味を兼ねて取っている「川漁師」が残っています。いずれも高齢で会社員や公務員を退職して、子どもの頃を思い出して漁を楽しむという人もいるようです。テナガエビは、川の中の水草に隠れていることが多く、えさを入れたかごを沈めておいて、しばらくして引き上げる漁法でとっています。

テナガエビが減った原因は、農薬の影響が大きいと考えられています。近年は「食の安全」への気配りからか、「無農薬」や「減農薬」の農法が広がったせいか、「テナガエビが復活した」という話を時折聞きます。それでも、食卓にのぼる機会はなかなかないようです。

滋賀県の琵琶湖などでは、テナガエビは漁獲の対象になっているものの、ブラックバスなど外来魚によって昔からすむ魚やエビが食べられ、姿が激減している悩みを抱えています。鹿児島県の川内川流域では、二〇〇六年七月に豪雨災害があり、流域のあちこちで護岸が流失。中流域のさつま町では濁流で市街地の商店などが床上浸水の被害を受けました。その後、災害復旧工事が進められましたが、エビやアユ、ホタルなどがすめる環境に戻るまでには時間がかかるようです。

諫早湾干拓事業にみる食材激減の現場

◆潮受け堤防閉め切りとその後の経過

一九九七年四月十四日、長崎県の諫早湾奥部の広大な干潟を消滅させる潮受け堤防の仮閉め切り工事が、自然保護を訴える干拓事業反対派住民らの怒号をかき消すように進められました。「バシャーン、バシャーン」という激しい音と水しぶきをあげながら二九三枚の鋼板が、次々に落とされた。雲仙普賢岳をのぞむ長崎県島原半島の吾妻町（現雲仙市吾妻町）から多良岳山系の高来町（現諫早市高来町）に向かって突き出すように築かれた延長七〇五〇メートルの潮受け堤防工事。最後まで潮流が湾奥部に流れ込んでいた約一・二キロの区間で潮流をせき止める作業でした。後に「ギロチン」と呼ばれた潮止め工事に要した時間は約四十五秒。しかし、このことが、干拓事業の効果や有明海の漁業不振の要因と再生をめぐる長い議論の引き金になりました。

食材を生み出す母なる海の環境が、干拓事業という国のプロジェクトで大きく変えられたことで、どんな状況が生まれているか、長い時間をかけてでも検証することが大切だと思います。干拓地を造成し、大型の農業機械を使った大規模経営の農業が可能になったと、単純に喜べる状況ではありません。ましてや、有明海ではさまざまな魚介類の水揚げが激減しています。干拓事業との因果関係をめぐっては、いろいろな見方があります。豊かだった有明海を取り戻せるか。再生のための公共事業として採用されたプロジェクトの費用対効果も、調べて考え直す必要があるように思われます。和食の食材を生み出す環境がどうなっているか。有明海と諫早湾干拓事業をひとつの例として考えてみました。

諫早湾干拓事業の潮受け堤防で潮流がせき止められた湾の奥部は、約三五五〇ヘクタールの広さ。諫早市などの湾沿いの地域は、古くから干潟を埋め立ててコメづくりなどができるように干拓を繰り返してきました。有明海沿いの佐賀県や福岡県、熊本県でも同じように干拓が繰り返された歴史があります。ですが、農林水産省が進めた今回の諫早湾干拓事業は、規模が大きく、自然の復元力を超えたものと言わざるをえないでしょう。諫早市や旧森山町（現在は合併した諫早市の一地域）の干拓地から潮受け堤防まで約五キロと遠い。事業規模の大きさには、驚かされます。

現在でも深刻さが増している国の財政難を背景に、無駄な公共事業を見直す行財政改革の動きと、さまざまな生物が生息する環境を大切にしよう、という「生物多様性」戦略という世界的な潮流があります。諫早湾干拓事業に対する世論の目も厳しい中での潮止め工事だったはずです。

三〇〇〇ヘクタール近い広さがあった諫早湾奥部の干潟は、ソフトクリームのように軟らかい泥で覆われ、国内では有明海と八代海にしか生息しないハゼの仲間のムツゴロウや片方のハサミが大きいカニのシオマネキなどユニークな生き物がすんでいた。貝やカニ、ゴカイなど干潟の生き物の種類や数も豊富で、魚や貝類の産卵場になっていた。小さな魚たちが成長する上で欠かせないプランクトンも豊富で、有明海の奥まった場所にあることから「有明海の子宮」とも言われた。つまり「命を生み、はぐくむ場所」だったわけです。心を配り、大切にすれば長期にわたって私たちに海の恵みをもたらす大切な資源のはずでした。

潮流が遮断され、閉め切られた湾奥部は、その後乾燥が進み、潟土から水分を抜く工事が進められました。当時、新聞記者として現地に住み、取材を担当していた筆者は、閉め切りから約二カ月経過した一九九七年六月、干陸化が進む干潟を歩いた。魚や貝が死んだ時の異臭はやや収まっていたが、沖合で無数の貝の死骸を見た。赤貝に似たハイガイなどで真っ白な貝殻が、沖合の約二キロ先まで散乱し、まるで蜃気楼のように見えた。貝の墓場だ。一生、この光景を忘れまいと思った。ハイガイやアサリなどの二枚貝には、水中の有機物を体内に栄養として取り込んで水を浄化する働きがある。カニやゴカイなどとともに「底生生物」（ベントス）と呼ばれ、干潟の浄化機能を支える生き物として位置づけられる。人間や野鳥たちが、とって食べ

潮止めのあと，干上がった干潟に貝の死骸が

死んだガザミ

死んだ貝を求めてやってきたカラス

死んだサルボウ

ることで干潟の環境が守られるという生態系が成り立っているのです。

　魚や貝が育つ干潟は、日本列島では太平洋側を中心に全国に広がっています。塩田として利用された場所もありましたが、太平洋戦争後の経済復興策で工場用地や住宅用地、農地確保のための干拓地として埋め立てられ、姿を消した所が多い。わずかに地名として残っている所もあります。

　泥や砂で覆われた干潟は、一見、むだな空間のように見えるかもしれないが、よく考えると、私たちの暮らしを支える食料資源や浄化の役割を果たす「宝」が埋まっている重要な場所とも言えるのではないでしょうか。さまざまな命をはぐくむ場所である干潟などの「湿地」を守る動きは、国際的な取り組みの証としてラムサール条約への登録として広がっています。干拓事業で消滅する前の諫早湾奥部の干潟には、ダイシャクシギやハマシギ、ダイゼンなどのシギやチドリ類や美しい姿のツクシガモの群れが飛来。ラムサール条約に登録されてもよいほどの環境を保っていました。もちろん貝類なども豊富で食材の資源をはぐくむ重要な場所だったと言えます。

　潮止めの後、貝などの「墓場」となった干潟部分をさらに乾燥させる工事が農林水産省の手で進められました。干潟だった区域に溝を掘って、しみ出した水を集めたり、薄い板状のものを無数に埋め込んで水分を吸い上げたりするやり方が採用された。その後、旧干拓堤防から「コの字形」に内部堤防が築かれ、その内側を農地として整備。諫早市小野島町などの沖合の中央干拓地と呼ばれる区域は、約七〇六ヘクタール。閉め切り時の計画では、その約二倍の広さだったが、干拓事業への批判や入植希望者が少ない見通しになる事情もあり、規模が縮小されたのでした。

潮受け堤防工事などで出た残土で埋め立てられた湾北側の高来町小江の小江干拓地（約一一〇ヘクタール）にも農地が造成されました。潮受け堤防と中央干拓地を囲む内部堤防に挟まれた水域は、農業用水を確保する一方、洪水被害を防ぐためのダムの役割をする調整池（約二六〇〇ヘクタール）として位置づけられています。事業が終わり、長崎県が管理を担当。「いさはや新池」とも呼ばれています。閉め切り間もない頃までは、ムツゴロウやボラ、ヤスミ、カニのガザミなどが水揚げされていましたが、今では漁が禁止されています。

干拓事業は、農林水産省の事業だが、主導したのは長崎県。五島灘や東シナ海での漁業が盛んで「水産業」が造船業や観光とともに地域経済の柱です。農業の面では、田畑が狭く大規模経営が難しい土地柄。このため、太平洋戦争後の食糧難の時代の一九五二年に当時の西岡竹次郎知事（元国会議員）が「長崎大干拓事業」の構想を打ち出した。コメ増産のためで、諫早湾の約一万一千ヘクタールを閉め切って干拓地をつくるという内容だった。

「防災」の名目に変えた諫早湾干拓は、一九八九年から工事が進められて、九七年の潮止めを経て二〇〇七年十一月に完工式がありました。総事業費は二五三三億円。干拓地での営農は当初、農業者が土地を購入して入植するという計画でしたが、事業費がふくらんだことなどから採算を合わせるのが厳しく、入植希望者も少ないということもあり、長崎県農業振興公社が買い取って、入植希望者に貸し出すという仕組みに変更されました。

二〇〇八年四月から入植、営農が始まりました。広大な干拓地のほ場は、中央干拓地は一区画が六ヘクタール、小江干拓で三ヘクタール。長崎県が切望した「平らな優良農地」だった。諫早市や大村市、島原半島では、段々畑を活用した野菜栽培が盛んだ。入植したのは、地元の農家や干拓事業で漁場をなくした元漁師が設立した農業法人、土木建設業者関連の業者もあり、合計四十一社。農地のリースは、五年間契約の期限の二〇一三年三月末までに更新か撤退かの見直し手続きが進められた結果、撤退した農家のグループもありました。狭い農地でキメ細かい手入れをして、おいしい野菜を育てる考え方から大規模経営に切り替える工夫が求められたとも言えます。

長崎県によると、業者や農家らが投入した費用は平均1億円に。タマネギやニンジン、ジャガイモ、ネギ、キャベツ、飼料作物、梅干しづくりなどに使われるシソなどさまざまな作物が栽培され、作業には大型機械が投入され、外国からの農業研修生らも作業に加わっていることが、これまで確認されました。

貴重な資源とも言える、日本一の広さの干潟をつぶした諫早湾干拓事業は、有明海の漁業が衰退しているという事情もあって、環境異変の要因ではないかとして潮受け堤防で遮断したままの湾奥部への潮流を復活させ、干潟の再生を、との見直し論議が長い間繰り返されてきた。

湾奥部への潮流をせき止めた潮受け堤防に設けられた排水門は、島原半島に近い南部排水門が二基、多良岳側の北部排水門が六基ある。八基合わせた幅は約二五〇メートルという狭さ。調整池には、生活排水や農地にまかれた肥料、農薬、畜産のし尿などが流れ込む。このため窒素やリンなどが増え、調整池の水が富栄養化。有毒な物質を含むプランクトンの増殖で水面が緑色になるアオコが発生する状況が生まれています。

このため、潮受け堤防の撤去や開門によって潮流を湾奥部に復活させて干潟の再生を求める漁民や有明海沿いの住民の声が大きくなっています。二〇〇〇年度にノリが大不作に陥ったのをきっかけに、関門要求の声が広がりました。これらの声を受けて二〇〇二年四月から四週間にわたって試験的に排水門を開けて有明海への影響などを調べる「短期開門調査」が進められました。

しかし、農水省は干拓事業が有明海の環境に与えた影響の検証に否定的な態度を見せたことから、開門を求める漁民らが佐賀地方裁判所に工事中止を求めて提訴。二〇〇八年六月に佐賀地裁が、干拓工事と漁業被害の因果関係を一部認めて、影響調査をするため、五年間排水門を開けるよう国に命じる判決を言い渡した。その後、控訴審で福岡高等裁判所は二〇一〇年十二月初めに、佐賀地裁の一審判決を支持して「五年間の潮受け堤防開放」を命じる判決を出した。当時政権を担っていたのは、自民・公明政権から二〇〇九年に交代した民主党政権。民主党は、諫早湾干拓事業の有明海の異変の因果関係について「開門調査が必要」との方針を決めていたが、当時の菅直人首相が二〇一〇年十二月十五日に、最高裁判所への上告をしない方針を決め、このことで三年後の二〇一三年十二月までに、農水省は五年間の開門調査を始めることが責務となった。それでも、長崎県や地元の諫早市といった自治体や干拓地に入植した農業者などが、開門調査に着手しようとした農水省側に実力行使などで待ったをかけました。

長崎県の干拓推進派の主張は、

①農業用水を調整池からくみ上げており、潮流が湾奥部に復活した場合、利用できなくなる

②海水が干拓地そばまで来たら潮風で農作物に塩害が出る

③調整池の防災の役割が果たせなくなる

などを挙げています。

農水省は、干拓地に供給する農業用水確保の代替策として

（1）地下水のボーリング

（2）海水の淡水化プラント設置

などを用意しているが、議論がかみ合わないままの状況が続いています。長崎県側の干拓推進派の主張は、四十年あまりかけて実現させた広大な干拓地での営農にこだわり続けたいという思いの強さが裏にあるようです。繰り返しになりますが、諫早湾干拓事業が有明海の環境異変に無関係と断定できるのでしょうか。「干拓地での営農を続けられなくなるから開門調査に反対だ」というのは、順序が逆ではないでしょうか。

有明海には、全国各地の人々が待ち望む、おいしい魚介類が数多くいるのにすでに姿を消してしまったものもあれば、危機に直面している種類も数多くあります。長崎の人々にも恵みをもたらすはずの資源もあります。農地になってしまった諫早湾の奥部は、フグなどのさまざまな魚介類の産卵場だったのです。

有明海独特の魚や貝も、沿岸の各家庭の食卓にのぼっていましたが、干拓事業で食文化も変わってしまいました。漁業で生計を立てていた旧小長井町などの人々の中には、人生設計を狂わされたという苦悩を繰り返し訴えても、なかなか農水省や長崎県などの官僚の耳や心に届かないケースもある、と聞きます。

こんな暮らしぶりの変化を見ても、干拓地での営農を優先することにこだわる必要があるのだろうかと感じます。干拓事業を担ってきたという「面子《めんつ》」もあるのでしょうか。

司法の場で二〇一三年十二月から五年間、潮受け堤防の排水門を開けて、諫早湾奥部への潮流を復活させて有明海の漁業への影響を調査せよ、という判決が確定。一方で、二〇一三年十一月十二日、干拓地の営農者や推進の立場の住民らが長崎地方裁判所に開門調査の差し止めを求めた仮処分申請が認められたことから、農林水産省は一時的に「板挟み」の状況に追い込まれた形になりました。

さらに、長崎地裁の開門調査差し止め命令で開門調査をためらっていた国に対して、有明海での不漁に苦しむ漁民ら四十九人が、佐賀地方裁判所に対して二〇一〇年に確定した開門調査の命令に従わない場合、一日あたり一億円を支払うように求めた「間接強制」を申し立てました。佐賀地裁は、これを受けて二〇一四年四月十一日、二カ月以内に開門をしない場合は漁民一人に一日あたり一万円の「罰金」を支払うように命じる判決を下した。合計で四十九万円。

長崎地裁が、開門調査をめぐる訴訟の判決が確定していたのに、なぜ干拓推進の立場の主張に沿うように関門調査差し止めを認めたのか。理解に苦しむところです。その上、干拓地の農家などが、開門調査のため農水省が排水門を開けた場合、国に罰金を支払うよう求めた間接強制の手続きで、長崎地裁は二〇一四年六月四日。農業者の訴えを認め、一日四十九万円の罰金を払うように決定。世の中の進む方向に法的に正しい道筋を示すべき司法の判断で、かえって混迷の度が深まった感がありました。しかし、福岡高裁は二日後の六月六日、佐賀地裁が下した「国が開門しない場合、一日につき四十九万円の『罰金』を支払え」という判断を支持しました。不満として抗告した国の訴えを退けたのです。これに従って国側は、七月十日、訴えを起こした漁業者らに一三七二万円の「強制金」を支払ったということです。六月十二日から七月九日までの二十八日分。一日あたり四十九万円を一年間払い続けると、あわせて一億七八八五万円の計算。有明海の漁場環境が悪化するばかりなのに、こんな無駄な形で税金が使われることになりました。

「地域の再生」という課題は先送りされるばかりです。長期的に考えて、「干拓ありき」の論理は、いまの時代には筋が通らないと感じるのは、私だけでしょうか。国の大きなプロジェクトを見ると、沖縄のアメリカ軍の普天間飛行場の辺野古移転問題など地元の自治体や住民らが反対しているのに、嵐が過ぎ去るのを長い時間耐えて待って、何ごともなかったように周囲の声を無視して進むケースがよくあります。諫早湾干拓事業も、長崎県や農水省の干拓推進の立場の人々にとっては、悲願達成を、との思いが強いのでしょうか。

◆干拓地での農業の実態

日本で最大規模の広さがあった干潟を消滅させ、国が造成した諫早湾の干拓地では、どんな農業が進められているのでしょうか。長崎県農業振興公社が二〇〇七年に、国から五十三億円で買い取りました。入植を希望する農家や農事組合法人に貸し出す方式で二〇〇八年四月から農業が始まりました。

長崎県諫早湾干拓課によると、入植者への貸出料は、買い取った資金を年利二パーセントで二十五年間で償還（返済）すると想定して計算した。買い取った約六七二ヘクタールのうち六七一ヘクタールを入植者に貸し出すという前提で計算。長崎県農業振興公社が返済と事務に必要な一年間の経費が一億三六〇〇万円という条件で一〇アールあたり約二万円と計算した。その後、地元負担金が約四十七億円と決まったため、最初の五年間は一〇アールあたり一万五千円とした。温室を新設してトマトなどの施設園芸を経営する場合、契約を更新すれば同じ場所を使えるようにしているという。

ほ場の「畑」は、全部で一四七筆。平均的な一つの区画は、縦六〇〇メートル、横一〇〇メートルで六ヘクタールという広大さ。狭いのでも三・五ヘクタールという。畑作が原則で米づくりはできない。長崎県のPR用チラシによると、水やりのための給水栓が三七・五メートルおきに設置され、深さ約八〇センチの地下に一〇メートル間隔で排水用の暗渠《あんきょ》が配してあるという。

粘土質の潟土だった場所のため、ミネラル分が多いのが特徴。畑に入ると、当初はハイガイやカキなどの貝殻が散らばっていた。こんな場所だからゴボウなど地中深く根をのばす作物を栽培するには不向きです。

入植希望者への土地賃貸（リース）料は、二〇一三年四月から二万円に引き上げられた。ほかに土地改良設備の利用料金として一〇アールあたり七千円が必要という契約。もともとは、土地を購入してもらって入植を受け付けるという方針でしたが、造成される農地の広さが約半分の規模になって土地の単価が高くなった上に、農業情勢が厳しいなどの判断からリース方式に変わった。六ヘクタールの一区画を借りた場合、年間一三二万円の固定費が必要な計算になります。それに種子代や機械の維持管理費、労賃などの経費を加えると、費用だけでもかなりの金額になる計算です。

長崎県によると、二〇〇七年八月に営農者を公募したところ、六七二ヘクタールに対して約一・五倍の九九六ヘクタール分の応募があったということだが、中には土木建設業者が設立した農事法人も含まれ、しかも当時の金子原二郎知事とのつながりが深い関係者という事実も後で判明しました。二〇〇八年四月から農事法人十六社、個人二十五戸のあわせて四十一経営体が農業を始めました。どんな作物を栽培すれば、品質のよいものができて売れるのか。試行錯誤が続きましたが、農業用水を取水するため淡水化した調整池の水質を悪化させないため農薬や肥料は控えめにするという県の方針もあって、減農薬栽培を基本とした。二〇一三年三月末で干拓農地のリース契約が切れて、更新して農業を続けるのか、判断を迫られた。長崎県によると、四十一の経営者のうち七社（法人）が撤退。新たに五業者が参入して三十九の経営体が農業を続けることになった。「採算が合わない」という理由だけでなく、ほかの理由で干拓地での農業から撤退したケースもあるという。

どんな作物を栽培しているのか。長崎県によると、二〇一二年度の場合、タマネギがのべ一一四・四ヘクタールで最多。次いでニンジンが八八・四ヘクタール、ジャガイモ八六・九ヘクタール、レタス七三・二ヘクタール、キャベツ五八・三ヘクタールなど。ショウガやブロッコリーを含めて十三種類の野菜が栽培されたそうです。温室を利用した施設園芸作物としては、慶弔の催しや墓参り、祭壇の飾りなどに使われるキクが一三ヘクタール、ミニトマトが四・四ヘクタール、トマトが二・四ヘクタールそれぞれ栽培されたという。

タマネギやニンジン、ジャガイモと言った根菜類は、これまで諫早市や島原半島の農家の

諫早市の中央干拓地で育てられたタマネギの収穫

「得意種目」でした。カレーライスなどの食材になるもので、「優良農地」でなくてもできるものです。これまで長崎県の農業は、島原半島の農業に象徴されるように狭い耕地に労力をつぎこむ、きめ細かな栽培で品質のよい野菜を消費者に届けるというやり方で評価を得てきました。農地が広大であれば、キメ細かな手入れは難しくなる。発想の転換が求められるのです。

消費者に安心と安全をアピールするため、県がそれぞれの畑の土壌を調べて組成を分析する一方、農家に栽培管理の履歴を記録するように義務づけていますが、生産履歴管理（トレーサビリティー）を公表する仕組みにはしていません。最近は、消費者が買い物をする時にスーパーマーケットや直売所で携帯電話のカメラで商品につけてあるQR（Quick Response の略）コードを調べると、だれが、どうやってつくったかが分かる仕組みも導入されています。

入植者同士が結束して販路を確保するというやり方も、導入されていないようです。ただ、外食産業や卸売業者らを対象にした商談会を開いて、販路の確保につなげているという。広い面積でたくさんの量を育てることができるのが強みで、赤いシソを栽培してふりかけの「ゆかり」をつくる食品加工会社に販売したケースもあった。それぞれの農家が外食産業や食品加工会社とのつながりをつくって契約栽培するケースが多いらしい。

長崎県によると、雨が多い七月から十月にかけて何を栽培するかという課題も見えてきた。年間を通して農作業をする人手を確保するのも難しいという。これまで干拓地での農作業は、ネパールから農業研修生として受け入れた若者に支えてもらうことも多かった。地元で雇用の場の確保につながるという触れ込みは、今のところ目算が外れた形になっています。

◆失われた生物多様性

諫早湾干拓事業の潮受け堤防で閉め切られた湾奥部の約三五五〇ヘクタールの水域には、数多くの「宝の資源」がありました。海の恵みを生み出す「有明海の子宮」とも呼ばれた干潟の環境。国内では、有明海と八代海にしか生息していないハゼ科の魚・ムツゴロウは、食習慣がある佐賀県側から漁に訪れる人もいた。潮止めの後、潮受け堤防の内側の水域は、水位が海抜マイナス一メートルに保つように下げられたことから干潟の乾燥が進みました。その結果、避難できない貝やムツゴロウなどが死んで異臭が漂う時期もあったほどです。

「干潟がどう変わっていくのか」。当時、新聞記者として諫早市に駐在していた筆者は、幾度となく干陸化が進む現場を歩いた。十七年の歳月が流れた今でも忘れられない光景があります。潮受け堤防の閉め切りのため設けられた二九三枚の巨大な鋼板が、次々と「バシャーン、バシャーン」という音を立てながら落ちていくシーンと、それから約二カ月後に干潟を歩いた時に、乾いてひび割れが進む干潟に白い貝殻が無数に広がっていた場面です。別の種類の貝殻が重なっている場所もありました。カキの貝殻で、諫早湾奥部にあったカキ床とみられました。小粒でおいしいと評判の「シカメガキ」だったようです。

諫早は、地図を開くとわかるように、島原半島と佐賀県などに囲まれた有明海、温泉地の雲仙市小浜町などに面した橘湾、長崎空港や自衛隊基地などがある大村市に面した大村湾の三つの海に囲まれています。三つの海は、それぞれに特徴があり、さまざまな魚介類が水揚げされる環境です。中でも有明海は、広大な干潟が広がり、潮流の干満の差が六メートルを超す場所もある国内でもほかにない海だ。諫早湾は、奥まった位置にあって、魚や貝が産卵し、幼生や稚魚が育つ「ゆりかご」となっていた。稚魚の場合、水産物の水揚げを調べる統計の上では、数字にあがりにくい。このため、干拓で閉め切られ、農地になった場所の干潟として価値は、今になれば評価するのが難しい。

何を失ったのでしょうか。諫早湾の干潟は、やわらかい泥が積み重なった泥干潟です。やわらかいために生き物にとっては、潜り込みやすく、泥には窒素やリンなどでできた有機物が含まれていたため、それらをえさにする生き物にとっては居心地のよい場所だった。もちろん太陽が照りつける真夏には、干潟の表面は高温になる。それでも干潮になって干潟が露出すると、さまざまな種類のカニたちがハサミを動かして泥のかたまりを食べていた。代表的なカニとしては、片方のハサミが大きいシオマネキやヤマトオサガニがいた。泥の中には、いろいろな種類のゴカイがいた。畑や森で見られるミミズと同じように汚れを栄養分としてとる一方で、干潟に穴をつくることで酸素を送り込んで汚れを分解させる働きを助ける生き物なのです。

干潟の表面には、珪藻《けいそう》というコケの一種ができ、褐色に見える場所が広がっていました。珪藻は、ハゼの仲間の魚・ムツゴロウのえさ。ムツゴロウは、泥の中に巣穴を掘って潮が満ちてくると、ふたをして中に逃げ込む習性がある。国内では、有明海と熊本県の八代海の泥干潟にすむ。寒さが苦手のようで、毎年春先に干潟に姿を表し、五月ごろからジャンプする姿が見られる。跳びはねるのは、雄が雌に求愛する行動とされる。よく観察していると、巣穴の近くでしばしばジャンプ。その後、二匹が巣穴に入るのが見られる。研究者の話では、巣穴は下に伸び、途中で横に伸びた部分もある。この横穴に卵を産み付けるという。

ムツゴロウは、外見は目がクリッとして愛らしい。遠くから見ると、泥っぽく映るが、よく観察すると、美しい青色の斑点が無数にあって、まるで満天の星のようだ。英語では「Blue spotted Mudhopper」と呼ばれます。

ほかにハイガイやカキなどさまざまな貝が干潟で命をつないでいました。ゴカイやカニ、貝類は、底生生物と呼ばれ、川から海に流れ込んだ私たちの生活排水を、バクテリアなどとともにえさとして取り込み、水をきれいにする働きをしています。人間がムツゴロウやカニ、貝をとって食べる食物連鎖によって、干潟の栄養分が減る計算です。カニやゴカイは、渡り鳥たちのえさになって長い旅のエネルギーを補給する。さらに、水深の浅い場所で生まれ育つ、稚魚にとってカニや貝の幼生は、えさになっていた。言わば、公共下水道の終末処理場と渡り鳥、魚たちのエネルギー補給基地を兼ねた場所が失われたということになります。

公共事業を設計し、施工する場合、投資するお金に対してどれだけの社会貢献できる効果が生まれるか、試算して予算を執行するかどうかを判断するのが通例です。ただの思いつきや願望で突進して無駄な公費を支出しないようにするルール。しかし、諫早湾干拓事業では、干潟の浄化作用の効果や水産資源、自然の生き物の生態系維持については、ほとんど計算されず、議論も尽くされていないのが実情でした。さまざまな生き物の遺伝子を守る生物多様性という考え方が生まれたのは、そう古くはない。しかし、潮止めの頃は、水鳥の重要な生息地となっている湿地を守るラムサール条約登録の候補地にふさわしいという声は、干拓事業に反対する全国の人々から上がっていました。

ラムサール条約に登録するには、登録する場所で観察される野鳥の羽数が世界で確認される羽数の一定以上の割合が確認されていることに加えて国設の鳥獣保護区に含まれること、地元自治体が同意することなどが必要とされます。しかし、長崎県や諫早市は、潮受け堤防の閉め切り工事があった一九九七年から二〇一四年の至るまでラムサール条約への登録については、振り向きもしないままです。

諫早湾奥部の干潟は、潮止め前には春と秋にオーストラリアなどとアラスカ、シベリアの繁

ムツゴロウ（柳川市）

殖地を結ぶルートを行き来するシギやチドリ類、冬場には中国大陸やシベリアなどから越冬のためやってくるカモや珍鳥のズグロカモメの観察フィールドとして知られ、外国から訪れるバードウオッチャー（野鳥観察愛好家）もいた。日本野鳥の会長崎県支部は諫早湾干潟での野鳥観察を長く記録していた。一九九六年四月六日にはハマシギ七二〇八羽、ダイゼン六七八羽、オオソリハシシギ一九七羽など、十三種で合わせて八二四八羽を記録していた。シギやチドリ類だけでなく、古くからの干拓地には鹿児島県の出水平野に越冬のため渡ってくるナベヅルやマナヅルが、一時的にえさの確保のため、数十羽の群れでやってくることもあります。

ラムサール条約登録の候補地として条件に合致する環境だったが、自然資源の価値にはほとんど目を向ける動きはみられないままです。それどころか、秋に紅葉する塩生湿地植物のシチメンソウの群生地が諫早市小野島の沖合にあったのに、消滅させてしまいました。潮止めの前に、地元の自然保護団体がシチメンソウのPRをしようと、旧干拓地の堤防に看板を置いたところ、長崎県の出先事務所が「迷惑がかかるから」との理由で看板の撤去を求める騒ぎがありました。このような自然の資源のとらえ方をする長崎県は、子どもたちにどんな環境教育をするのか興味がありましたが、干拓工事が終わって農家の入植が始まった後、干拓地を訪ねると、「環境保全型の農業をしている」という趣旨の看板が立ててありました。

有明海での漁業と言えば、干潟や浅い海にすむ貝がとれるのが特徴です。貝類、特に二枚貝の仲間は、海水を浄化する一方、幼生が魚のえさになって、さまざまな魚が育つ環境を維持する役割を果たしています。ところが、一九九〇年代以降、貝類の水揚げが減っています。中には市場にほとんど出回らなくなったアゲマキのような貝も。高級な寿司のネタにもなるタイラギは、有明海の漁民が高い収入を得る糧《かて》でしたが、資源となる貝が親に成長する前に死んでしまう現象がしばしば起きています。潜水具を使って漁をしてきた福岡県や佐賀県の漁師たちは、休漁に追い込まれることが続いています。

アサリやハマグリのように全国的な傾向と同じく激減しているのもあります。その一方で、広大な干潟での漁で海の恵みを受けてきた有明海沿いの人々の暮らしにも大きな影響が及んでいます。漁民が苦しむだけでなく、沿岸住民の家庭の食卓の風景や観光地の食材にも大きな打撃となりつつあるのです。

◆復活を目指すアゲマキ

国内では、有明海と熊本県の八代海の一部地域にしか生息しないという貝があります。アゲマキという二枚貝。耳慣れない名前の貝だと思う方が多いでしょう。アゲマキは、古代の人々の髪形に似た、印鑑入れのような形をしたもので、泥っぽい河口干潟などにすむが、地元産が魚市場に出荷されることはほとんどない状況が続いています。

有明海沿いの鮮魚店に並んでいるのは、ほとんどが韓国産。韓国の干潟でも大規模な開発で生息環境が厳しくなって水揚げが減っているという。バター焼きや酒蒸しにすると、おいしい一品です。

農林水産省九州農政局のまとめによると、アゲマキは一九九一年に福岡県と佐賀県で合わせて九五トンが水揚げされ、翌年には二八トンを記録しました。しかし、一九九四年に福岡県で一トンが水揚げされたのを最後に有明海産が一トン以上流通することがないままです。

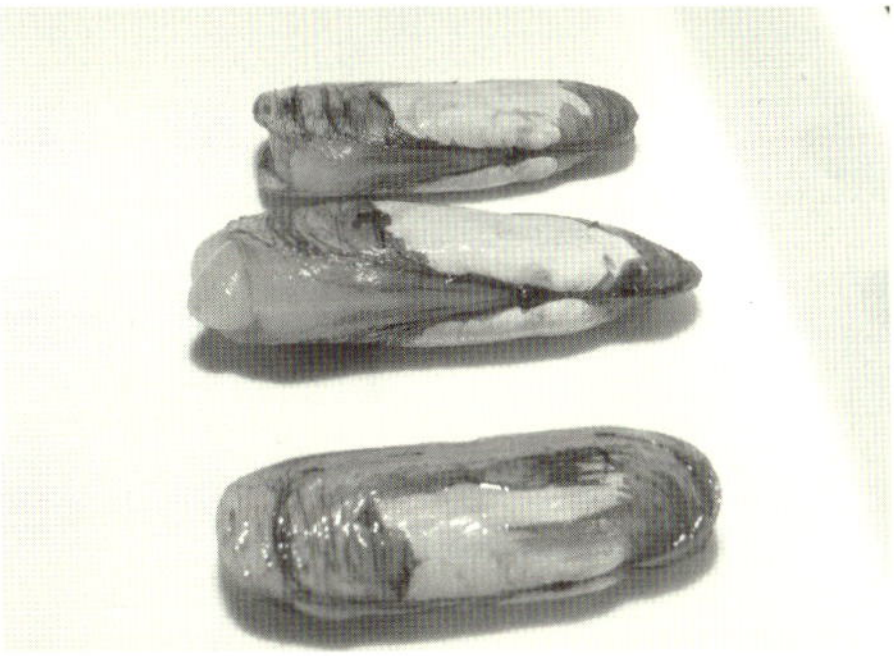
アゲマキ

かつては夏場にアゲマキを大量に掘って販売し、生活費の足しにしていた漁師もいて、有明海沿いでは、「お助け貝」とも呼ばれていたそうです。干拓事業が進められた諫早市と、その周辺でもアゲマキ漁が盛んでした。諫早市森山町には、干拓事業に同意して漁業権を放棄した漁民らが建立した記念碑があります。石碑には、アゲマキとムツゴロウをかたどった石像が添えてある。碑文には、漁業権を手放す辛さや海の恵みを与えてくれた生き物たちへの感謝の言葉が刻んであります。

二〇年近く前、干拓事業や有明海の恵みを取材した時に、年配の人々から「貧しいなかで、アゲマキをよく食べました。おいしかった。親がアゲマキを掘って売ったお金で県外の大学に進学することができました」というエピソードを聞かされました。

そんな力強い資源のアゲマキが、とれなくなった原因は解明されていませんが、佐賀県小城市にある佐賀県有明水産振興センターでは、二〇〇六年からアゲマキの増殖技術の研究を続けています。卵からふ化したアゲマキの幼生を、八ミリから一センチになるまで成長させ、それを有明海の干潟に放流し、自然に繁殖するようになるのを待つという。毎年百万個規模の稚貝を放流できるようになったが、自然の干潟で順調に育つには、時間がかかるようです。放流場所は、数カ所としか公表していないが、二〇一二年に、やっと三〇〇キロを柳川市の魚市場などに試験的に出荷しただけです。

佐賀県内でのアゲマキの水揚げ統計のデータは、一九〇一年（明治三十四年）から残っています。途切れた部分もあるが、その統計資料によれば、一九〇六年には一万四六五二トンの漁獲があった。佐賀県内での一トン以上のアゲマキ漁獲は一九九四年以来途絶えたままだ。有明海全体で資源を回復させるには、福岡県などでも資源を増やす技術の研究開発が求められるが、今のところその動きは見られないようです。

◆不漁が続くタイラギ

貝柱といえばホタテを思い浮かべる方が多いでしょうが、貝殻がもっと大きくて角のような形をした貝があります。タイラギです。比較的浅い海の底にタケノコのように立っている珍しい二枚貝。有明海では、佐賀県太良町の沖合や福岡県大牟田市の沖合が、好漁場とされてきたが、生息場所の海底で酸素不足が起きた場合などに小さな貝が死滅する現象が繰り返し起きて、福岡・佐賀両県の漁業者らが話し合って両県の水産担当の窓口に休漁の手続きをすることが二〇一二年から二〇一三年にかけて続きました。

タイラギ

タイラギをとる漁法は、潮が引いた時に干潟を歩いて貝を探す「徒《かち》どり」と潜水具を身にまとって船の上からホースを通して空気を送ってもらいながら貝を探す潜水具漁があります。

潜水器具漁は、海底の土木作業などにも利用される重い潜水具を身につけて、海底を移動しながら貝を探してとる漁法で、最少で二人がかりで漁に出ます。漁が盛んな頃は、十二月から三月ごろの漁期の間に一年分の収入を得るという人たちもいました。

長崎県境の佐賀県太良町が、潜水具を利用したタイラギ漁が盛んで、国道二〇八号沿いに車を走らせると、「潜水漁発祥の地」という看板を上げた建物を見かけます。タイラギ漁のシーズン前になると、佐賀県と福岡県の水産研究施設が、漁場となる海域で試験的に潜水漁をして、五分間に一定の区画で何個のタイラギが確認されたか、サンプリング調査を実施。そのデータをもとに両方の県の漁業者が協議して冬場の出漁をどうするか、決めた上で県への手続きをする。資源が少ないため、漁場は相互に乗り入れる仕組みになっている。つまり、佐賀県沖にしかタイラギがいない時でも、福岡県側から漁に出られるというルールです。

潜水漁の休漁が決まっても、農林水産省の漁業統計に数字が記入されることがあるが、それは干潟を歩いてタイラギを採った実績があるためです。

九州農政局がまとめた有明海区の魚種別漁獲量の統計を見ると、一九八九年（平成元年）には福岡、佐賀、熊本、長崎の4県あわせたタイラギの水揚げ量は五一七三トン。長崎県が三六五八トンで実に七割を占めていた。一九九二年には全体でも二六三七トンで長崎県産も四〇三トンに落ち込んだ。一九八九年と言えば、諫早湾干拓事業に国が実質的に着手した時期だ。長崎県産は一九九三年に六七トンだったが、翌年の一九九四年からゼロになってしまった。

有明海全体では、潮受け堤防が閉め切られた一九九七年には三四三三トンだったが、一九九八年一一八一トン、一九九九年には三一八トンと急減した。統計は、一月から十二月までのデータですが、潜水具を使うタイラギ漁は十二月から翌年三月ごろまでを漁のシーズンにして

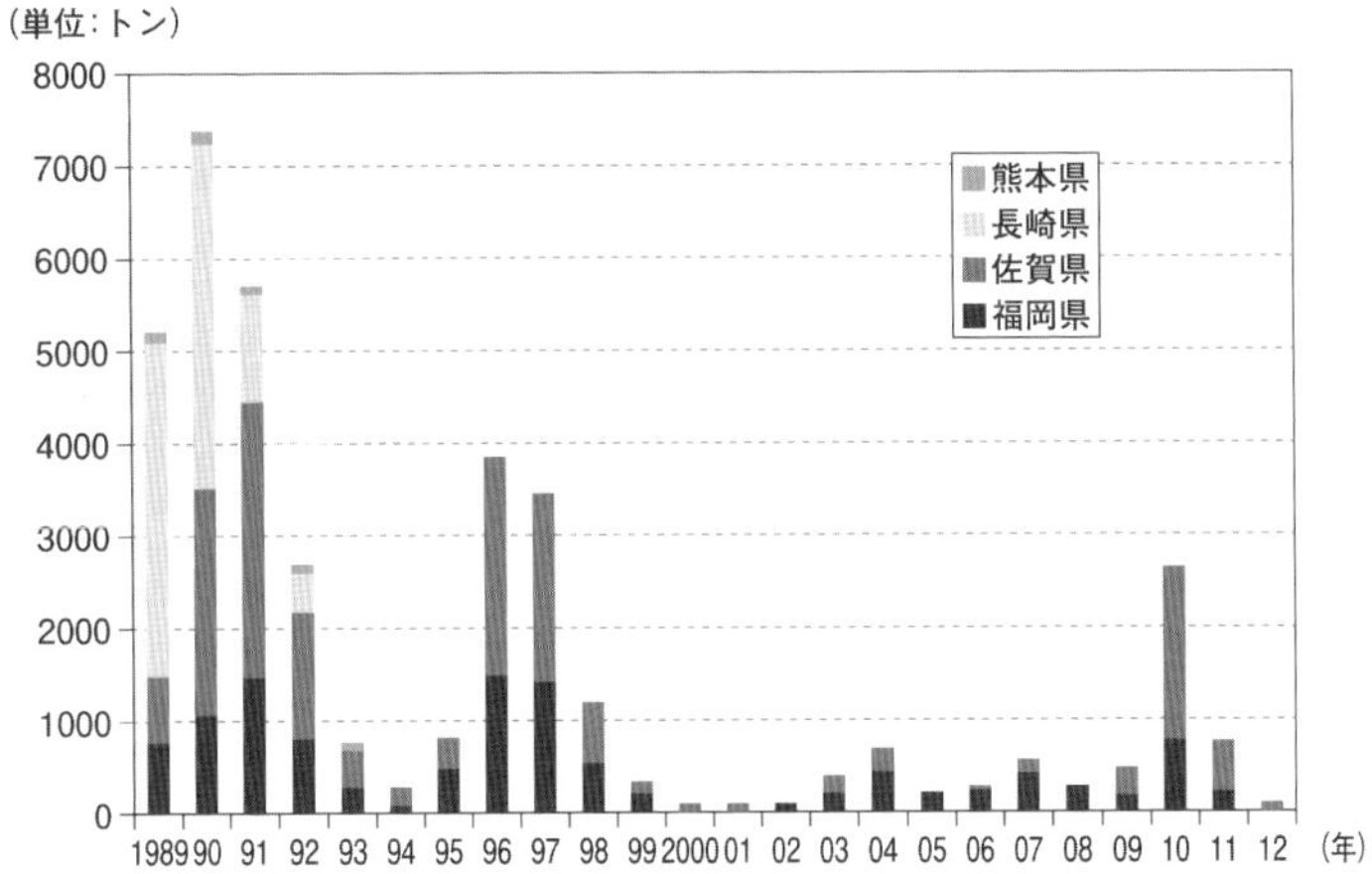

タイラギの漁獲量の推移

注：九州農政局の統計資料を参考に作成

いる。

タイラギの漁獲が激減したことで、福岡県や佐賀県の有明海沿いの地域経済には少なからぬ影響が広がっている。佐賀県太良町の漁民の中には、潜水具での漁ができないため瀬戸内海でのタイラギ漁の手伝いや東日本大震災の被災地の復興事業に伴う工事や調査での仕事を求めて出稼ぎに出かけている人も数多いという。タイラギは、刺し身や寿司のネタとして人気がありますが、観光地の柳川市の料理店では、やむなく外国産のタイラギを来客に提供する業者も。さらに酒粕に漬けた加工品を製造・販売している企業が沿岸地域に数社あるが、原料を安い外国産に依存せざるをえなくなりました。

タイラギの激減について、時期的に諫早湾干拓事業が始まったのと軌を一にすることから「要因の一つ」とする漁民は多いが、干拓推進の立場を貫く国は、明確な見解を示さないままです。タイラギが有明海で産卵し、稚貝が育っている過程で「立ち枯れ死」するのはなぜか。海底で硫化水素が発生するためと、論文を発表した研究機関もありますが、資源を回復させる対策を見つけるまでには至っていません。長崎県は、有明海での漁獲量が激減しているのは、ノリ養殖で病気予防のために使われる酸処理剤の影響もあると反論しているが、タイラギの不漁が干拓事業とはまるで無関係とは言い切れないはずです。タイラギの水揚げがゼロになって生活の糧を失ってしまった長崎の漁師も数多くいます。「有明海の宝」とも言える資源がなくなったことを、長崎県の行政を引っ張る人々はどう感じているのでしょうか。

◆幻になったカキ

二枚貝の中で一番人気があるのは、冬場のカキではないでしょうか。国内の産地としては、宮城県や広島県が知られています。九州では福岡市などで、十一月ごろから翌年三月ごろまで、バーベキューで焼き肉を食べるようなサービスで焼きガキをふるまう「カキ小屋」が、この数年で広まりました。多くの場合、稚貝を宮城県などから取り寄せて、玄界灘の沿岸で大きく育てて出荷したものを提供しています。有明海沿いでは、少なくとも一九九〇年代には、稚貝をよそから取り寄せたものではなく、地場産のものを焼いていました。特に潮受け堤防が閉め切られた一九九七年より前は、諫早湾奥部にカキがびっしり重なったカキ床があり、カキ小屋を経営する人々は、漁師にとってもらったり、自分でとったりしていました。小粒で濃い味と評判でした。一般的に、養殖されるカキはマガキですが、諫早湾のはそれとは違った。八代海や有明海に生息するシカメガキという種類でした。カキ小屋は、干拓事業が完了して、干拓地での営農が始まった後も存続しています。でも、シカメガキは諫早地方では「幻のカキ」になってしまいました。

シカメガキはマガキよりも形が小さく、殻長は四センチから六センチ。マガキよりも塩分濃度が低い場所で育つとされます。熊本県では戦後間もない頃、進駐したGHQ（連合国軍総司令部）が、アメリカで不足していたカキの資源を確保するため国内各地を調べて、八代海にあったシカメガキに目をつけたエピソードがあります。このことがきっかけで戦後しばらくの間、熊本のカキがアメリカに輸出され、「クマモトオイスター」の人気が高まったとのことです。

八代海では、その後ノリ養殖が盛んになったことなどからカキ養殖は減少し、姿を消しましたが、上天草市大矢野町にある熊本県水産研究センターでは二〇〇七年からシカメガキの復活を目指して養殖技術の研究、開発に取り組んでいる。市場に大量に流通するまでには至っていないが、生育状況がよく、期間限定で出荷した実績はあるという。

シカメガキのほかに有明海には、スミノエガキという平べったくて大きいカキが生息している。佐賀県の六角川や早津江川の河口で見られる。形は、マガキより大きい。大量に流通するものではないが、時折地元の直売所に並ぶ時があって味もよい。

佐賀県のカキと言えば、カキに含まれる栄養素に目をつけて事業を始めた有名企業の創業者がいます。菓子製造会社の江崎グリコ（本社大阪市）を起こした江崎利一（一八八二年～一九八〇年）です。江崎記念館のホームページなどにエピソードが紹介されています。それによると、一九一九年（大正八年）に、現在の佐賀市の有明海沿いの堤防で、漁師たちがカキの煮汁を捨てているのを目撃した。当時、薬種業を営んでいた江崎氏は、「カキにはエネルギー代謝に必要なグリコーゲンが含まれる」という記事を業界新聞で読んだことを思い出し、九州大学の研究者に詳しく調べてもらうことにした。その結果、多量のクリコーゲンやカルシウムが含まれていることがわかった。そんな時に自分の子どもが病気にかかり、体が衰弱していた。このためグリコーゲンのエキスを与えたところ、子どもは元気を取り戻した。このことがきっかけでグリコーゲンを含むキャラメルを売り出すことにしたというのです。社名も「グリコーゲン」にちなんでつけたという。

カキを食べると元気が出るのは、経験からも理解できます。カキは、英語の月の表記で「R」のつかない月、つまりＭａｙ（5月）、Ｊｕｎｅ（6月）、Ｊｕｌｙ（7月）、Ａｕｇｕｓｔ（8月）は、食べない方がよいとされる。例外もあるが、カキがおいしくなるのは、グリコーゲンを蓄える秋から冬にかけての季節だ。夏場は、カキの産卵期でもある。グリコーゲンを蓄えているため、カキは水がなくてもしばらくの間は、生きていられるのだという。

加えて、カキの働きとして、水を浄化する働きがあり、河口の干潟にはカキ床が広がっている場所もあります。食用として採取しにくくても大切にしたいものです。

◆減少をつづけるコハダ・クッゾコ

有明海産のコハダ。東京の築地市場へと出荷される（佐賀県太良町）

「有明海の魚や貝の水揚げが落ち込んだとしても、別の産地のもので補えるではないか」。そんな考え方も通用するかもしれません。しかし、有明海や天草灘でとれるコハダ（コノシロの小さいもの）が、東京の築地市場に送られ、寿司の材料として欠かせないのをご存じでしょうか。有明海で江戸前の寿司ネタ用のコハダを水揚げしているのは、佐賀県太良町の漁師が主です。投網でコハダをとって飛行機で福岡空港などから東京に運ぶのです。

コノシロは、成長の段階によって呼び名が変わる「出世魚」。明確な基準はありませんが、体長四〜五センチぐらいのがシンコ、コハダは七〜一〇センチ、ナカズミが一一〜一四センチ、コノシロは

江戸前寿司のネタ・コハダ（東京新橋）

一五センチ以上とされている。市場価格は、シンコの方が高く、成長するにつれて安くなるという。価格の面では必ずしも出世しないが、味はそれなりにいい。

コノシロは、熊本県の有明海沿いでは背開きしたコノシロを甘酢につけ、中にゴマ入りの寿司飯を詰めた姿寿司がよく作られます。江戸前の寿司では、コノシロになる前の小さいシンコなどを酢でしめて、にぎり寿司に用います。

かつて東京湾でコノシロがよく水揚げされていたため、寿司のネタとしてなじみ深いものになったのでしょう。寿司に使う材料の産地を訪ね、歩いた記録を本にまとめた東京の寿司職人にお目にかかって話を聞いたことがある。東京の新橋に店を構える長山一夫さんで、二〇一〇年十月のことでした。寿司ネタのコハダの産地は、開発や水質の悪化などで時代とともに変わったとされます。長山さんは「一時期は、有明海産のコハダが市場で高く評価されていたが、天草産のがややよくなった感がある」と語っていました。

コハダを含むコノシロの水揚げを農林水産省がまとめた統計のデータは、一九九五年以後の分しか公表されていない。それによると、有明海産は一九九五年に一九六五トン。それが二〇一二年には六五〇トンになった。

寿司は健康にもよいという理由なのか、海外でも人気です。日本各地では、回転ずしのチェーン店が広がっています。ですが、年配者から見ると、これが寿司かと目を疑うような寿司も皿にのせて運ばれます。たとえば、てんぷらをのせた寿司など。それに、九州の回転ずし店では、コハダの寿司はほとんど見かけない。東京では「ひかりもの」の代表としてコハダの寿司が扱われるのにと、疑問が解けないままだ。

有明海では、フランスの人々にとってポピュラーな「郷土料理」とされる「舌平目《したびらめ》のムニエル」に使われる魚もとれる。瀬戸内海などでもとれるアカシタビラメで、ウシノシタとも呼ばれます。文字どおり「牛の舌」に似た形の魚で、体の表面に細かいうろこがある。ムニエルは、小麦粉をまぶしてフライパンで両面を焼いた料理だが、有明海沿いでは、甘辛く煮付けた料理が一般的です。くつの底のような形にも見えることから「クツゾコ」あるいは、少しなまって「クッゾコ」などと呼ばれます。

有明海特産種の魚でもなく、国内のほかの地域でもとれるが、クツゾコは、沿岸地域の郷土料理として人気がある。観光地の柳川市の料理店では、形の大きいクツゾコが入荷した場合、刺し身でも提供している。有明海沿いの人々は「瀬戸内海でもとれるだろうが、有明海産のは、海の栄養分をたっぷり食べていて、おいしい」と自慢する。しかし、ほかの魚介類と同じく漁獲が激減している。一九八九年に有明海全体で八九七トンだったのが、二〇一二年には一二六

コノシロの漁獲量推移

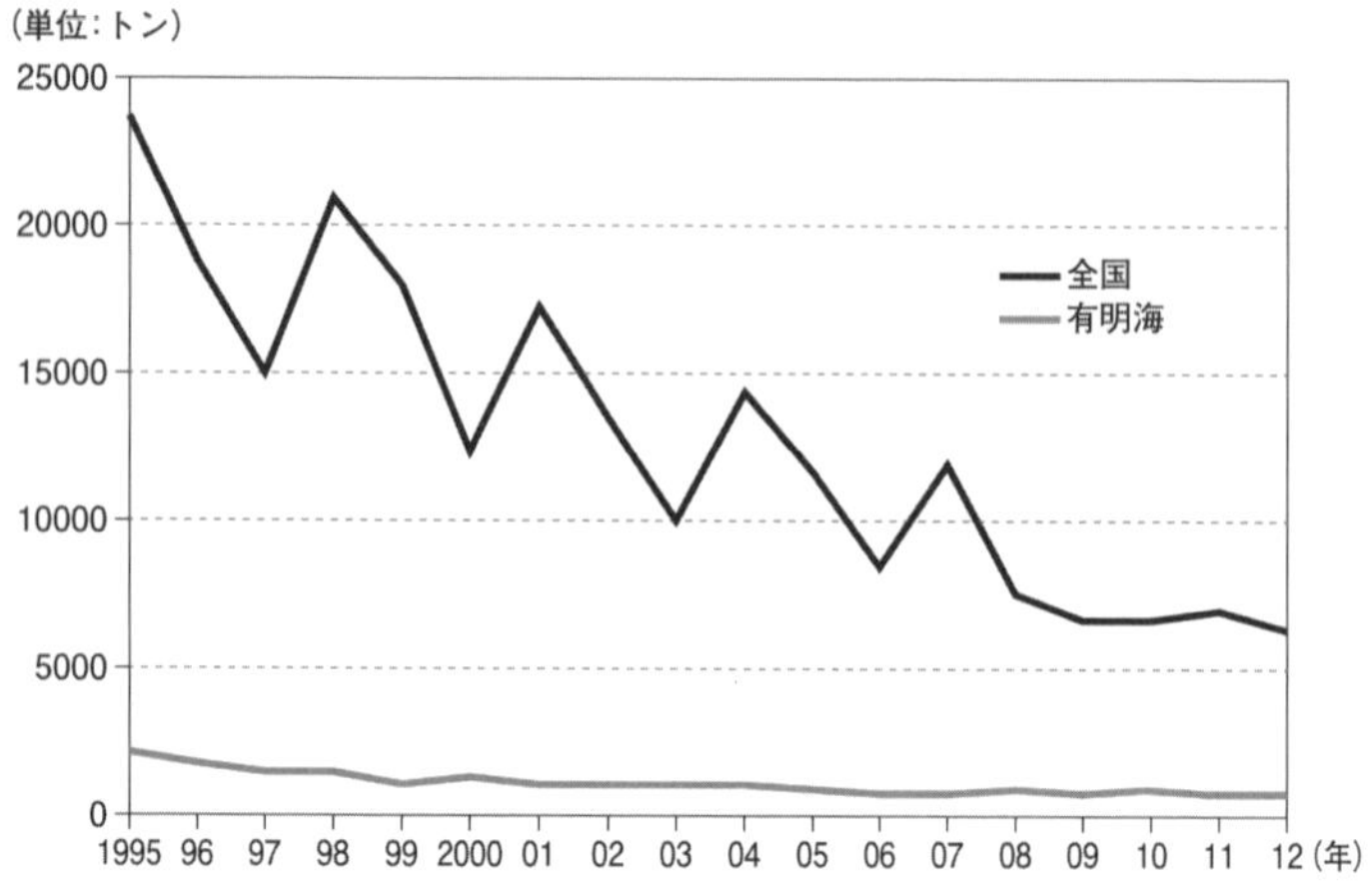

注：農林水産省の統計資料を参考に作成

ウシノシタの漁獲量推移

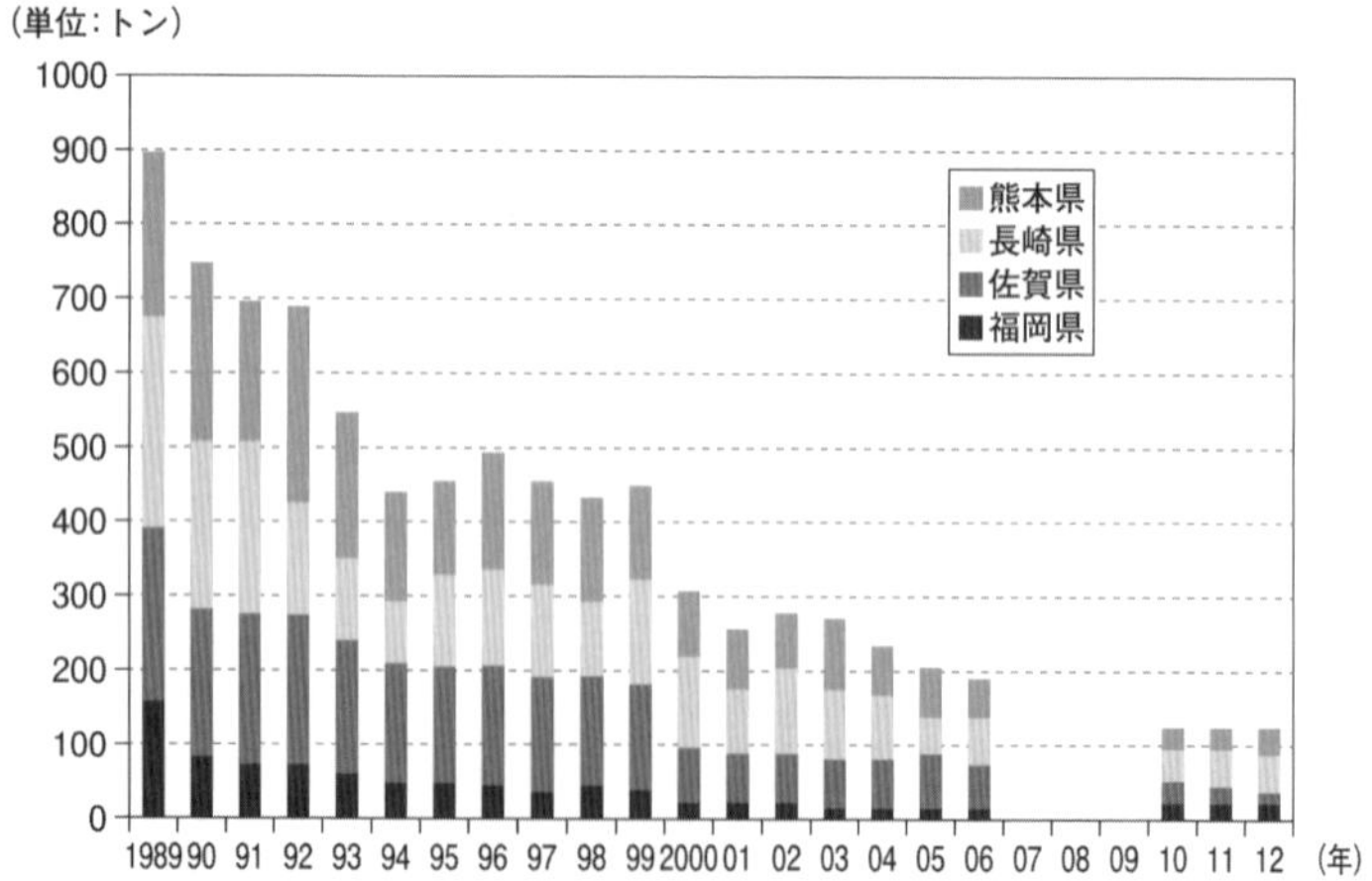

注：九州農政局の統計資料を参考に作成
カレイ類のうちウシノシタ（牛の舌，地方名：クツゾコ）

トンに減った。価格も上昇気味です。

◆人工繁殖に望みをつなぐエツ

家具製造で知られる福岡県大川市など筑後川河口に近い地域では、毎年5月から7月上旬ごろにかけて、夏が旬の魚・エツの味を求めてやってくる行楽客でにぎわう。カタクチイワシの仲間の魚・エツの川での漁が解禁されるのです。

エツは、国内では有明海と周辺の河川、干拓事業で閉め切られた諫早湾奥部の調整池に生息する。中国大陸や朝鮮半島の沿岸部でも見られ、太古の昔に日本列島が中国大陸とつながっていたことをうかがわせる生き物とされます。平べったくナイフのように細長い形をしていて、体長四〇センチぐらいになるのもある。傷みやすいため、とれたてを味わうのが一番おいしい。小骨が多いためハモのように骨切りをして刺し身にするとよい。空揚げにしたり、空揚げを甘酢に漬けた南蛮漬けでいただくのもおいしい。

筑後川での漁は、産卵のため川をさかのぼるエツを刺し網でとる。福岡県や佐賀県が許可漁業の対象にしています。漁の期間中は、予約すれば観光遊覧船も運航され、船の上でエツ漁を見物しながら料理も味わえる。

筑後川には、一九八七年に廃止された旧国鉄佐賀線の鉄道橋・筑後川昇開橋が国指定重要文化財として保存されています。開通は一九三五年。全長五〇七メートルの鉄道橋の中央部に長さ二四メートル、重さ四八トンの可動桁《かどうげた》がある。滑車とワイヤでつり上げて、今でも二〇メートルあまりの高さまで動かして、船の航行に便宜を図っています。線路だった部分は、遊歩道として整備され、可動桁が上がっていない時は、川の上の橋を行き来できる。可動桁は、一日に八回程度、上下に動かされ、それもタイミングがよければ遊覧船からも見物できます。

エツは、川をさかのぼって塩分濃度が薄くなる場所で産卵します。川の水と潮流が混じり合う汽水域の塩分濃度は、天候などによって変わる。大雨の後は当然塩分が薄められます。福岡県水産海洋技術センター有明海研究所の資料によると、産卵の後、卵は塩分がゼロから一パーセント程度の水域で、水温二十四度から二十六度の条件であれば十九時間から二十一時間でふ化する。成長するに従って塩分濃度が濃い場所でも生きられるようになる。いったん海に出るが、親になるには二年から三年が必要になるとのことです。

エツの資源を増やすために、天然のエツをとって人工授精した卵を放流したり、ふ化させたりしているが、福岡県側の漁獲は減り気味です。

一九八九年（平成元年）に四四トンだったのが、減ったり増えたりの繰り返しが二〇〇〇年まで続いた。最多は一九九七年の六三トン。二〇〇一年から五〇トン台が四年間連続したが、その後は急減。二〇一〇年には二二トンになった。

人工繁殖しても、資源が回復しない理由のひとつとして、海での漁獲制限がしにくいという点が挙げられる。ほかの魚をとるために仕掛けた網にエツが入っても、弱ってしまうため海に戻すのが難しく、やむなく水揚げして出荷しているというのが漁業者の言い分だという。

エツは、干拓事業が進められた、長崎県諫早市の潮受け堤防より湾奥部の調整池にも生息しています。潮止め前にも本明川河口に生息していることがわかっていましたが、潮流が遮断された後もわずかながら塩分が残っており、エツは有明海に出ないでも、調整池の中で世代を越えて命をつないでいるらしい。つまり調整池の中で産卵し、ふ化した後、成長して親になって次の世代をつくっているということです。

エツ

調整池にエツがいることは、諫早に野鳥の写真を撮りに出かけた時にカンムリカイツブリという水鳥が、潜ってえさをとっている光景を写真に収めてわかった。エツをくわえたカンムリカイツブリが写っていたのだった。だが、調整池での漁業は原則的に禁止されています。

諫早湾干拓事業と有明海での不漁の因果関係を調べるために、佐賀県や福岡県の漁民らが求めてきた開門調査を農林水産省が実施した場合、潮受け堤防の奥へ潮流が復活。淡水化した湾奥部の魚や貝に影響が出るだろう。開門調査に反対している長崎県などは、生態系の変化で数多くの魚が死ぬなどと指摘しています。しかし、広大な干潟が消滅する過程で生じた犠牲とは比べものにならないはず。エツも、もともと海と川の間を行き来していました。

有明海沿いには、海と川をつなぐ汽水域を利用して命をつないできた生き物がほかにもいます。ヤマノカミというオコゼに似た魚もそうです。中国料理には利用されるらしいが、和食には使われません。

こげ茶色のまだら模様で、平均的な大きさは雄が体長一八センチぐらい、雌は一六〜一八センチ。普段は、川にいるが一月から三月ごろにかけて海に下って干潟のカキやタイラギの貝殻の中に産卵する習性がある。潮受け堤防の閉め切りで、諫早湾奥部の河川にすんでいたヤマノカミは、ほとんどいなくなったと考えられていますが、潮流が復活すれば、回復する資源もあるのです。

◆解決の見えない事業

二十一世紀に入って、九州北西部の有明海では、高級な二枚貝のタイラギやアサリなどの不漁が続き、諫早湾干拓事業で湾奥部の干潟が消滅したことが関係しているのではないかという声が根強く残っています。そんな中でも長崎県は、潮受け堤防の排水門を開けて潮流を再び、湾奥部に復活させて影響の有無を調べる「開門調査」には、反対の姿勢を曲げようとしないままでです。その理由をまとめた冊子が二〇一一年三月に発行されています。「諫早湾干拓事業って何だろう？　開門による影響　二二の視点で考える」と題したリーフレットです。

Ａ４判のサイズでカラー刷りの四十一頁に干拓事業の意義や開門した場合、潮流が湾奥部に押し寄せることでどんな「被害」が予想されるかをまとめています。挙げられた項目の中には、干拓推進の立場を擁護《ようご》する余りに現実から目をそらしていると思われる点がいくつもあります。

長崎県側は、まず干拓事業の役割として①防災機能の強化②優良農地の造成を挙げています。延長約七キロの潮受け堤防で潮流をせき止めて、高潮に備える一方で、内側の調整池の水位を原則として海抜マイナス一メートルに保つことで大雨の時に本明川などから大量の雨水が流入しても洪水を防ぐことができるとしています。また「優良農地の造成」とは、平坦で大区画の農地で、干潟だった土壌にミネラル分も多く含まれ、調整池からの安定した農業用水が利用できるとの言い分です。

さらに有明海では、阿蘇山の火山灰などが川から海に流れ出して、比重の軽い微粒子の泥が海水に含まれ、沿岸部では濁ったような色になる。浮泥《ふでい》と呼ばれる細かい粒子で、潮流で岸に運ばれた後、堆積する。地元では潟土（「がたど」、あるいは「がたつち」とも）と呼ぶ。潟土がたまって干潟が成長するのですが、場所によっては、旧堤防沿いに築いた水門から海に排水しようとしても、潟土が流れをじゃましてうまく排水できない悩みもある。このため沿岸の住民は、排水路を確保するのに人力で、水が流れる、みお筋を確保する苦労が絶えなかったと指摘しています。

自然の力で干潟が生まれ、一部が陸地化していくという有明海の宿命があるともいえる。そんな自然の営みを理解して有明海沿いでは、約六百年前の鎌倉時代から干拓が繰り返されてきました。干拓の技術も時代とともに変わってきた。「からみ」工法は、干潟にくいを打ち込んで柵を設け、それに潟土をからませる方法。佐賀県の干拓地には「からみ」という地名が残っています。その後に石を置いて堤防を築くやり方で「開き工法」と呼ばれ、福岡県柳川市などの干拓地に地名として残る。コメが貨幣代わりになった時代には、新田開発にもつながり、肥後藩主の加藤清正などは干拓に力を入れたという。

昔から海とうまくつき合って海の幸の恵みも受けてきた。ところが、一九九七年の潮止め工事で閉め切られた諫早湾奥部の広さは、過去約六百年間に造成された諫早湾沿いの干拓地とほぼ同じ広さ。しかも「ギロチン」で二九三枚の鋼板が次々に落とされて潮止めにかかったのは、約四十五秒間にすぎない。ゆっくりと時間をかけながら自然の回復力を頭に入れて進めた昔ながらの知恵を無視したやり方です。

「防災」の名目は、戦後間もない頃に計画された「長崎大干拓構想」や、長崎市などの水資源確保を目指した「南部総合開発計画」にも登場しませんでした。国営諫早湾干拓事業で「後付け」された理由ですが、諫早市などの地元民を説得する材料にはなったと言えます。というのも、諫早市では一九五七年（昭和三十二年）七月二十五日から二十六日にかけて一日雨量が七〇〇ミリを超す集中豪雨があり、諫早市街地を流れる本明川の上流で土砂崩れが発生。本明川が氾濫《はんらん》して市街地に濁流が押し寄せた。死者、行方不明が同市内だけでも五三九人にのぼった。「諫早大水害」として記録されています。当時は戦後間もない頃で、上流の森林の保水力が十分でなかったことや、江戸時代の天保十年（一八三九年）に本明川に架けられた二連式石橋の諫早眼鏡橋が頑丈で、流木を受け止めてダムの堤防のような役割を果たすことにつながったとされます。石橋は、水害の後、近くの公園に移設されました。

本明川は延長二二キロの小さな川ですが、国が管理する一級河川となっています。かつて本明川河口などは、天然のウナギがとれ、市内にはウナギ料理を看板にした料理店が数軒ある。ウナギ料理が名物でもあり、川や海の恵みが自慢の町でもあります。諫早大水害の記憶は、年配の人々には忘れがたい記憶です。このことが、地元の自治体の議会などでの干拓事業をめぐる賛否を複雑にした。全国レベルでの政党間のスタンスは当時、自民党、公明党が賛成で、民主党は干拓事業見直し、共産党も同様だった。社民党も見直し派に近かったが、地元の長崎県では、社民党と民主党は干拓推進の立場を貫いていました。

社民党は「諫早大水害を繰り返さないために」というのが主な論拠でしたが、佐賀地方裁判所での地元漁民らが提訴した「開門訴訟」で二〇〇八年に、開門調査を命じる判決が出たのをきっかけに、開門調査支持の方針に変えた。民主党は、潮受け堤防の排水門工事を受注した三菱重工業の労組出身の衆議院議員が、地元から選出されていたことなども関係したと指摘されている。

諫早湾干拓事業を推進する立場を貫く長崎県は、「防災と水不足を解消して、優良農地の確保が諫早湾周辺の人々の悲願だった」とも主張。リーフレットに明記されています。

農水省が事業に着手したのは一九八六年（昭和六十一年）。潮受け堤防の仮閉め切りが一九九七年で二年後に完成した。延長約七キロの堤防道路は、一般車両も通行できて、島原半島と佐賀県鹿島市方面を結ぶのに便利だとして利用されています。しかし、干拓事業そのものは、採算面や営農の見通しなどを考慮して二〇〇二年に規模を縮小する方針に変わりました。

「防災」を根拠にした干拓推進の論理は、本明川沿いの環境が「諫早大水害」当時と変わっていることや、閉め切りの後に市街地に浸水被害が出たことなどから考えると、疑問が残ります。ましてや、地元住民の暮らしを支えてきた魚介類の資源や観光資源を失ったことを含めて考えると、マイナスの面が多い。

二十世紀の後半には、地球温暖化による環境異変が広がる一方で、さまざまな生き物との共生を目指す「生物多様性」の思想が、人類が生き延びる上で重要なテーマとなっています。資源を再生、循環させることで安心して暮らせる持続可能な社会を目指す考え方も世界の潮流です。長崎県が開門調査反対の理由に挙げている項目には、長崎県だけの都合でほかの県や全国各地の消費者への配慮が欠けているのではないか、と感じる点が数多く見受けられます。

広くて平坦な干拓地の優良農地は、確かに大型の農業機械で作業がしやすいかもしれない。

だが、長崎県を含めて全国各地には、農家の高齢化や後継者難の理由で果樹や野菜、コメが栽培されないままになっている田畑がたくさんある。耕作放棄地という言い方が適切かどうかは疑問だが、長い時間をかけて野菜やコメを育てやすい環境を家族や集落で築いてきた農地が、活かされない状況になっています。

農業政策の議論になるが、アメリカなどの広大な農地が確保できる国と日本で、同じような考え方で競争したら打ち勝つチャンスはあるのだろうかという疑問がわきます。農水省にかつて「構造改善局」、現在は「農村振興局」という部署があり、農家の経営規模拡大や「効率のよさ」を追求する旗振り役をしてきました。汗水たらして作業をするよりも、少ない労力でおいしいものができれば、それにこしたことはありません。

でも、ひとつの作物を大量につくる農業のあり方は、何かの犠牲を伴うものです。消費者の好みをつかんでよいものを作ったり、家族やまわりの人々の健康を考えてバランスのよい食事ができるように、しかも、季節ごとの「旬の食材」を提供できるように作付けを考えたりする。そんな「多品目少量生産」の経営が広がってもよいのではと思う。

諫早湾干拓事業で長崎県が目指した方向には、危うさがあります。たとえ、タマネギやキャベツ、ジャガイモ、ネギなどが大量にできたとしても、すでに他の産地で作られているものです。市場に新規参入するには、何か特徴がないと成功しにくいのではないでしょうか。ましてや、調整池の水が汚れたままではイメージがよくないはずです。

共生への道を探る

◆生き物認証制度

安全でおいしい食材を安心していただきたい——。

輸入品を含めて、さまざまな食料品が流通するようになったいま、消費者の願いは、「安心」と「安全」が一番大切であることは言うまでもありません。安心や安全を保証する食べ物の流通の仕組みとして「認証制度」があります。みなさんは、買い物の時に「有機栽培」などと書き込まれたラベルの農産物を手にしたことがあることでしょう。

二〇一三年には、ホテルやレストランのメニューに表示された食材が、別の種類だったという「偽装」問題が、報道で相次いで明らかにされました。背景には、調理を担当する料理人たちが、納められた食材をよく吟味せずに使ったり、鵜呑みにしたりしていたことがあるとされます。真相はよくわかりませんが、天然のクルマエビなど、なかなか手に入らないものが、あちこちで料理に出されていたとすれば、料理のプロとして漁業の実態をもっと知ってほしいものです。

「食材の産地などの偽装」が、ニュースのネタになった時、私は「漁業だけでなく農業の面でも、消費者と生産者がお互いをもっと知って理解し合うようにすべきだ」と感じました。日本の国内で多くの人々が主食としているコメと農村の実情について、私なりに触れてみたいと思います。

一九七〇年からコメの生産過剰による値崩れを防ぐなどのねらいで、コメ減反政策が続けられてきました。コメの作付けを減らす農家や大豆などほかの作物への転換をする農家に対して国から奨励金が出されました。一見、農家を手厚く保護する政策のように映りますが、現実を見ると、農業の担い手は減る一方で、新たに農業を始める人は、会社や役所勤めを終えた高齢者が目立つ地域もあります。会社勤めの人々や公務員などからすれば、税金を投入した手厚い保護策に映りますが、補助金があったのに農業が衰退し、地方の活力がなくなったのは、なぜか。農林業などの政策を検証する必要があります。

二〇一三年に安倍晋三内閣は、このコメの減反政策を二〇一八年にやめる方針を決めました。日本の農業の国際的競争力を強くするねらいからだという。ですが、戦後の農政で一貫しているのは、規模拡大による生産コストの削減で、安い外国の農産物に負けないように、という発想。一戸あたりの栽培面積をいくら広くしたとしても、コメや麦、大豆などの生産コストをアメリカやオーストラリアで栽培されるのと比べたら、とてもかなわないと思われます。

国内では、北海道とともに「食糧基地」と位置づけられる九州各地の農業を見ると、「多品目少量生産」という農家経営の方が成功している事例が多いように感じます。つまり、消費者がどんな作物を欲しがっているかをつかんだり、「健康にはこんなにして育てた野菜や米がおいしく安全です」と提案したりする農業経営が受け入れられている。皆さんの目には、どう映るでしょうか。

たとえば九州地方を例に挙げると、「ウメ・クリ植えてハワイに行こう」の合言葉で独特の地域づくりを進めた大分県日田市大山町や、「有機農業」を目指して農産物の認証制度をいち早く導入した宮崎県綾町などがよい例でしょう。

もちろん、畜産や養鶏が盛んな鹿児島県や宮崎県の農業経営は、農協や会社組織で大規模に手がけた実績や歴史もあるが、畜舎のし尿などの処理で環境に大きな負荷をかけている事例もあります。

半世紀近くコメの生産調整が続けられる中で、おいしいコメや香りや色、健康志向を売り物にした品種の発掘や開発が地域ごとに競うように続けられました。例えば赤米。「赤飯のルーツ」ともいわれますが、白米がおいしいという見方が主流だった国の食糧管理制度の中では「等級外」扱いだった。鹿児島県種子島や長崎県対馬など全国でも限られた地域にしか残っていませんでしたが、健康志向の消費者の需要もあって、福岡県では一九九〇年代にモチ米と交配した品種が開発され、糸島市などで広まった。もみのそばについている芒《のぎ》が赤く、穂が出ると田んぼの景色が赤く映えて美しい。また普通のうるち米に赤米を少し混ぜて炊くと、「赤飯」ができて美味です。

田んぼで育つコメは時代とともに品種が変わり、農業機械も進化しました。生き物の世界からすれば、使われる農薬や肥料は変わったものの、水利を含めた田んぼの管理が生き物にとってすみよい環境に大きく変化したとは言い難いようです。

「早く収穫して新米を高い価格で売り出したい」――そんな狙いで九州では、田植え作業を四月初めごろに始める農家が多かった時期もあった。早く収穫するためにコメづくりでイネの株数を増やすため、田んぼの水を抜く「中干し」と呼ばれる作業も早まった。この結果、田んぼで生きるトノサマガエルがオタマジャクシからカエルに変態する前に乾燥され、次第に姿を消してしまったと研究者から指摘されています。

「さまざまな生き物が育つ環境を大切にする」という「生物多様性の環境保全」の考え方は、今や世界の潮流。生き物を資源としてとらえ、さまざまな角度から研究して、人間の暮らしを支える技術や資源として活用することも可能です。お金にならなくても、声や姿で心をいやしてくれる場合もある。たとえば一九九〇年代後半に山陽新幹線で、航空便に対抗するために開発された新幹線５００系の先頭車両の形は、「飛ぶ宝石」と表現される水鳥・カワセミのくちばしをヒントに設計されたということです。

トンネルが多いコースを時速約三〇〇キロのスピードで騒音や衝撃を減らして安全に走行する車両の設計技術が求められた。設計担当者は、トンネルを通過する時に空気が圧縮され、トンネルを抜ける時の「ドーン」という衝撃をやわらげるために、先頭車両の形をどうすればよいか。思案する中で、趣味の野鳥観察から、カワセミが空中から魚を狙って水中に飛び込むシーンをヒントに鋭くとがった形を考案したという。日本野鳥の会関連の出版物に、新幹線の設計担当者が寄稿しているのを読んだことがあります。

その中には、航空機の形もツバメやムクドリ、コウノトリなどを参考に、翼の形が考案されているエピソードも添えてありました。

話がやや脱線しましたが、野鳥など生き物の情報もおおいに役立つものです。生き物を大切にすると言っても、もともとその土地がはぐくんだものではない、「外来種」のオオクチバスやブルーギル、祭りの縁日などでよく売られるミドリガメ、つまりミシシッピアカミミガメなどが繁殖した池や小川は、好ましいとは言えません。

外来種の生き物は、「天敵」がいないためコイやフナ、メダカ、エビなど昔からすんでいた「在来種」を食べてしまい、命のつながりを断ち切ってしまう危険性が高い。ミシシッピアカミミガメは、ヒシなどの水草も食べてしまうのです。福岡県柳川市など同県南部には、「掘割」とも呼ばれるクリーク（農業用水路）が、縦横に張り巡らされています。総延長は一千キロを超えますが、流れがゆるいよどんだ水路では、生活排水が流れ込んで富栄養化が進み、夏になれば鉄さびを浮かべたように赤く変色する場所も。ミドリムシというプランクトンが繁殖するためで、見た目も芳しくありません。外来種のカメやブラジルチドメグサという水草がはびこっているのも地域の環境保全で大きな課題となっています。

しかし、全国各地ではおいしい農産物を売り込む激戦が続いています。その中で、珍しい生き物をシンボルとして、コメなどを売り出している自治体や自然保護グループがたくさんある。「生き物認証制度」という仕組みです。

コウノトリの兵庫県豊岡市やトキの野生復帰と取り組む新潟県佐渡市のほかに、茨城県の霞ケ浦周辺の稲敷市などで活動する住民グループ「オオヒシクイ保護基金」などが挙げられます。

霞ケ浦近くの干拓地は、雁《がん》の仲間のオオヒシクイの越冬地となっていますが、干拓地を通る高速道路計画が進み、自然保護を求める住民グループが干拓地の農家と協力して干拓地で減農薬栽培した米を買ってもらうことで、農地を開発から守ろうと続けています。

オオヒシクイは、全長八五センチぐらいの大型の水鳥で、越冬地では田んぼで落ち穂や刈り取った後のひこばえが実った二番穂を食べます。生き物をシンボルにして、さまざまな生き物がすめる環境を守り、育てる農業をめざすことは、そこで収穫される作物が安全なものの証でもあります。農薬を使わなかったり、減らしたりすることで除草などに手間がかかります。消費者にとっては、安い方がうれしいことは言ういうまでもありませんが、安心して口にできることは、もっと大切です。

二〇〇二年六月に、私は農村の「農家民泊」の実情を知るために大分県の安心院《あじむ》町グリーンツーリズム研究会のメンバーとドイツに取材旅行に出かけたことがあります。自動車産業やブドウ栽培が盛んなバーデン・ビュルテンベルク州のフォルツブルグ市を訪ねた時、地元の市長が「土壌検査をしているほか、その畑にどんな生き物がいるかを調べて、指標となる生き物の種類の多さによって助成金を出す仕組みを作っている」と自慢しました。日本でも、二〇〇七年から田んぼとその周辺の環境を守る地域活動を普及するねらいで、環境支払い制度を始めました。ですが、コメづくりが環境を守ることにつながるという意味を、消費者がどれだけ理解できているのか疑問が残ります。

農業用水路をコンクリート三面張りにしたことなど国の農業土木事業について、農林水産省に二〇一四年四月にたずねました。農林水産省農村振興局整備部設計課から電子メールで回答をいただきました。

質問の趣旨は、和食がユネスコの文化遺産に登録されたが、ドジョウやフナなど田んぼとの関係が深い生き物が、ほ場整備という名の農業土木事業で激減している。諫早湾干拓事業に象徴されるように、日本の農政は効率化優先の方針が続いた。生き物と共生できる技術思想にも目を向けないと、日本の生物資源は外来種の増殖もあって激減する一方ではないか。競争に勝つために規模拡大を、という発想からの転換の動きはあるのか。多様な農業政策があってもよいはずだという内容でした。

料金受取人払郵便

博多北局
承認

7067

差出有効期間
2016年3月13
日まで
（切手不要）

郵便はがき

812-8790

158

福岡市博多区
奈良屋町13番4号

海鳥社営業部 行

通信欄

通信用カード

このはがきを，小社への通信または小社刊行書のご注文にご利用下さい。今後，新刊などのご案内をさせていただきます。ご記入いただいた個人情報は，ご注文をいただいた書籍の発送，お支払いの確認などのご連絡及び小社の新刊案内をお送りするために利用し，その目的以外での利用はいたしません。

新刊案内を［希望する　希望しない］

〒　　　　　　　　☎　（　　）

ご住所

ご氏名《フリガナ》　　　　（　　歳）

お買い上げの書店名

食卓からアサリが消える日

関心をお持ちの分野

歴史，民俗，文学，教育，思想，旅行，自然，その他（　　　）

ご意見，ご感想

購入申込欄

小社出版物は全国の書店、ネット書店で購入できます。トーハン，日販，大阪屋，または地方・小出版流通センターの取扱書ということで最寄りの書店にご注文下さい。なお、本状にて小社宛にご注文下さると、郵便振替用紙同封の上直送いたします。送料無料。なお小社ホームページでもご注文できます。http://www.kaichosha-f.co.jp

書名		冊
書名		冊

農林水産省の回答は、以下のような内容です。

農業土木事業（現在は「農業農村整備事業」）では、例えば、ほ場整備において三面コンクリートの水路を造るなど、農業の生産性の向上や事業完了後の維持管理の利便性の観点から効率化を優先した工法を多くの地区で採用してきた。

しかしながら、自然環境の保全や良好な景観などに対する期待が高まっていることを受けて、平成十三年に土地改良法を改正し、事業の実施に際し、「環境との調和に配慮すること」を原則として位置づけ、可能な限り農村の二次的自然や景観等への負荷や影響を回避・低減する事業への転換に取り組んでいる。加えて、生物の生息環境などに配慮した工法の調査・研究についても進めている。

このため、魚類などの生息環境の保全に配慮が必要な地区については、例えば、田んぼと水路の間にドジョウやフナなどが行き来できる魚道や生息場所を保全する施設を設置するなどの取組を進めている。これらの取組については、まだまだ改善していく必要があると考えており、ご意見の内容も踏まえて、今後とも、これまでの取組を検証しつつ、環境との調和に配慮した事業の実施に努めていきたいと考えている。

でも、こうした設計の考え方が全国各地の自治体が発注する農業用水路工事で、実践されているかは疑問が残ります。

たとえば、福岡県の柳川市などに広がる「掘割」と呼ばれるクリークの護岸工事では、木の柵の護岸は少なく、コンクリート三面張りが目立つのです。

護岸のコンクリート化は、地元の住民らから草が生えにくく、手入れがしやすいという理由で要望が出るところもあるという。同市内の掘割の岸辺には、五月の端午の節句の時に健康を願う「ショウブ湯」に使うショウブも自生する。地域の資源にもなる水草で、このシーズンになるとスーパーにショウブが商品として並ぶこともありますが、柳川産のはないようです。三月の「桃の節句」では、地域をあげてひな飾りをあちこちに展示して、観光客を誘致する一方で、ショウブ湯の風習については、知らないという市職員もいました。

木製の護岸は、魚などが隠れやすい場所を確保できる上に、手入れが行き届かない里山のスギ林などの間伐材を利用すれば、間伐材の需要が増える効果を生む。同じようなクリークを抱える佐賀県では、木で護岸改修工事をしているところを見たことがあります。

さらに、長崎県諫早市の森山干拓では、田んぼと水位が同じ高さになる、土手がある水路が残っていましたが、二〇一四年三月ごろ、現地を訪ねた時、護岸をコンクリート張りにする工事が進められていました。旧森山町の干拓地は、ツルやコウノトリの仲間のナベコウという大型の水鳥が越冬する場所として、野鳥観察愛好家がよく訪れる。土手のある水路は、えさになる小魚がすみやすいためらしい。

◆トキとコウノトリが保証する安全

私たちが命をつなぐために口にしている食べ物は、森や田んぼ、川、海とつながる自然の恵みで育てられています。最近は、土とは縁が薄い野菜工場で生まれているのもありますが……。都市部に住む人々が増え、仕事や勉強などに追われて忙しい日々を送っていると、自然とのつながりを忘れてしまいがちです。多くの人々は、毎日の天気予報を通した気象情報で、災害や大雨、大雪などによる野菜の品不足や魚の不漁などを気にかける程度ではないでしょうか。どんな食べ物が健康によいかなどについても、農薬の混入事件などが問題になるニュースや話題が新聞やテレビで取り上げられない限り、それほど気にならないはず。また、それが当たり前の世界がよいはずです。でも、よく考えると、食材を買う時にどんな人が、どんな工夫をして育てたかを考えて買い物をすることで、自然の環境が少しずつ変わっていくこともあります。

コメや野菜、牛肉などの場合、農薬や肥料、飼育の種類や使用量、飼育方法の情報を商品のラベルなどに書いて、買い物をする人に提供して選んでもらえる仕組みがある。生産者が、作ったものを並べて販売する直売所を訪れると、コンピューターや携帯電話の端末機器で、その情報を読み取れるシステムを用意しているところもある。生産履歴管理（トレーサビリティー）の検索という制度です。この仕組みをわかりやすくするため、シンボルとなる生き物を守り育てようと、マークに採用しているのもある。「生き物認証制度」といわれるものです。貴重な生き物が、育つ環境を守る活動をしている自治体や保護団体が、少しずつ増えています。

農薬の影響やえさの生き物がすみにくい環境に造り変えられたことで、いったんは国内での野生種が絶滅した野鳥のコウノトリやトキの野生復帰を目指してきた兵庫県豊岡市や新潟県佐渡市のケースを調べてみました。

私には、ドジョウをえさにウナギを釣った思い出があります。今でも筒状に編んだ竹製の道具を川に沈めておいてウナギをとったり、河口などに釣り竿を並べて釣ったりする愛好者を見かけますが、ドジョウをえさにしたウナギ釣りは少ないのではないでしょうか。でも、ドジョウでウナギを釣ることは、半世紀ほど前までは、ごくふつうでした。

ドジョウが減った。その原因は、コメづくりで、現在では使用が認められない有機塩素系などの農薬の影響のほか、効率化を追求した農業用の水利施設と言えるでしょう。「ほ場整備」の名のもとにさまざまな形の田んぼが農作業を機械化しやすいように、と四角の形につくり直された上に、送水管で灌漑《かんがい》用水を送り、排水路もコンクリートで造られたためです。

田んぼと小川の間を行き来して命をつないできたドジョウやナマズ、フナなどの生き物にとっては、生きていく上で欠かせなかった場所を追い出されたことになったのです。「農作業が楽になるように」という人間の側の合理性の論理によるものだ。だが、数多くの生き物を大切にしながら暮らしの豊かさを追求するという「生物多様性戦略」という今の時代の流れからすればちぐはぐです。

田んぼでの米づくりが育てたと言ってよいドジョウやカエルなどの生き物たちは、一方で野鳥たちの命をつなぐえさになります。今でもコサギやアオサギなどのサギたちが、田植えが始まる頃から苗が濃い緑になって育つ頃にかけて、田んぼでえさを探す光景があちこちで観察できます。トキやコウノトリ、ツルも好みの違いこそあれ、ドジョウが好物です。大型の水鳥だけに必要なえさの量も多いが、農薬や米作りの考え方の変化の影響で激減しました。

コウノトリなどさまざまな生き物の隠れ家になる水路

トキやコウノトリは、国内では野生で繁殖する姿がしばらく消えたが、トキは中国から、コウノトリはロシアから幼鳥などを譲り受けて人工的に繁殖。野生復帰させる試みが続いています。

トキは、最後まで野生の鳥が残った新潟県佐渡市に、またコウノトリは兵庫県豊岡市に繁殖と野生復帰を支援する施設がある。ふ化したひなたちに与えられるのは、トキの場合、ドジョウが主なえさで馬肉も与えるという。ドジョウは、大分県で養殖されたものを利用した時期もあるという。

大分県でのドジョウ養殖は、特産品づくりのひとつとして二〇〇六年度に始まりました。コンクリートで囲んだ養殖池で育てる方法。泥の中に潜り込んで冬を過ごす習性があり、水揚げがしにくくなるのを避けるためです。大分県産のドジョウは、農林水産技術指導センターによると、二〇一二年度に約一八トンにのぼった。東京のドジョウ料理専門店に出荷されているほか、トキの野生復帰を目指して人工繁殖と飼育を手がける新潟県佐渡市の施設に送られたという。

ドジョウは本来、田んぼで育つ生き物です。川の水が増水した時に、水田に入るような構造になっていた昔ながら水田地帯では、田んぼに水が張られると川だけでなくドジョウが田んぼでも見られました。水を抜かれても少しの水たまりがあれば、ドジョウは泥に潜り込んで生き延びていたのです。

ですが、農機具での作業をしやすくするため、ほ場整備事業が国の農業政策で奨励された結果、用水をパイプラインで送り、川や水路と田んぼの間に段差がある構造の水田地帯があちこちに広がりました。このことで田んぼと小川の間を行き来して命をつないできたドジョウやナマズ、フナなどの生き物は、人間との共生の場から遠ざけられました。

トキのほかツルやコウノトリの飛来地や人工増殖に熱心な地域では、野生の状態で鳥たちがえさを取れる環境が広がることを目指していますが、田んぼでドジョウやフナ、カエルなどが増えるには、小川と田んぼの間を魚たちが行き来しやすい「水田魚道」を設けたり、田んぼから水が抜かれる稲刈りの前に避難できる小さな水たまりが必要で、用意されています。

一九七一年に、豊岡市で保護されたコウノトリが死んだ結果、国内の野外で繁殖していたコウノトリが絶滅。同市内の飼育施設でロシアから譲り受けたコウノトリを飼育して、一九八五年以来、人工繁殖が続けられました。二〇〇五年から人工増殖のコウノトリを野生に戻す放鳥が始まりました。放鳥されたり野外で自然繁殖したりしたコウノトリは約七十羽を超える。遠く離れた山口県や九州の福岡県、佐賀県に飛来したのが観察された。二〇一三年十二月には、鹿児島県奄美群島の喜界島まで飛んで行きました。

豊岡市にあるコウノトリの郷公園にある兵庫県立大学自然・環境科学研究所の研究者によると、滞在は三カ月間に及ぶ場所もあれば、もっと短期間のケースもある。長期間にわたってすみつくにはえさとなる生き物が豊富な環境があることが必要になる。この研究者は「コウノトリが飛来した、ということで終わってしまうのか。それともコウノトリがすみつくには、どうすればよいか考えるのか」が問われていると指摘します。「二〇〇五年以降に放鳥したコウノトリと、その後に自然繁殖したのをあわせると七十羽を超える。各地に飛んで行って各地の環境を調べているとも言える」とも。

コウノトリ（薩摩川内市）

野生のコウノトリが、日本に飛来することも珍しくありません。数は少なく一羽のことが多いようです。二〇〇五年十二月から二〇〇六年四月にかけて鹿児島県薩摩川内市で、越冬した一羽のコウノトリを観察したことがあります。場所は川内《せんだい》川の河口に近い田園地帯。海岸沿いにある九州電力川内原子力発電所から少し離れた場所でした。

南側には小高い丘があり、いわゆる「里山」になっていて春先にはヤマザクラや新緑がきれいな環境でした。田んぼの周りには小川が流れていて、ハヤなど小魚もいる。土手がある農業用水路もあり、ドジョウもいた。

コウノトリが、田んぼなどで十分にえさを取ってすみやすい環境にするには、田んぼにドジョウやカエルなどえさになる生き物が育ちやすい農法や水利の仕組みにする必要があるのです。このため豊岡市は、「コウノトリ育む農法」を広めて、その基準を満たしたやり方で栽培した農作物をブランドとして認証する「コウノトリの舞」制度を設けている。

「コウノトリ育む農法」は、安心でおいしいコメをつくる一方で、コウノトリのえさになるドジョウやカエルなどさまざまな生き物を育てるやり方。

（1）無農薬または減農薬で魚など生き物への毒性が低い農薬を選ぶ。化学肥料の使用を減らす

（2）カエルなどが繁殖しやすいように田んぼの水管理をする。稲を育てる過程で株を増やすためにいったん水を抜く中干しの作業の時期は、オタマジャクシがカエルになったのを確認した後に遅らせる

などとしている。

田んぼから水を落とした後も、小さな生き物が生き残れるように田んぼの周囲に小さな水路などの「ビオトープ」を設ける。田んぼと小川や水路の間をドジョウやフナなどが行き来できる「水田魚道」をもうけることも勧めている。魚道は、県の土地改良事務所が受け持つ。

無農薬や減農薬のコメづくりは手間がかかります。どうやってコメを育てたかを記録して残し、消費者に安全と安心を保証することで、一般的なコメより高く売れるようにできるという。

コウノトリは、古くから日本国内での稲作との縁が深い鳥だといわれます。一九九六年に大阪府八尾市で発掘された弥生時代の水田跡の遺跡から見つかった鳥の足跡が、コウノトリのものだと二〇一一年に発表されました。江戸時代までは全国各地にコウノトリがいたと推測されています。


国内での野生のトキが最後まで生き残っていた新潟県の佐渡市でも、環境省が人工繁殖したトキを野生に復帰させる「佐渡環境再生ビジョン」を二〇〇三年にまとめ、トキが田んぼでドジョウなどのえさをとれるような環境づくりが進められています。

佐渡市でも、トキがすめる環境を再生しながらコメづくりをして農家など島民の暮らしを支えていこう、との方針を打ち出した。二〇一一年度にスタートした「朱鷺《とき》と暮らす郷づくり」と名付けられたコメなどの認証制度です。認証するのは佐渡市。同市農林水産課によると、コメづくりの場合、認証マークをつけて販売できるコメの栽培技術の要件は、次のように決めている。

（1）冬場に田んぼに水を張って、生き物がすみやすくする「冬水田んぼ」を実践する。さらに田んぼの水を抜いた後に、カエルやドジョウなどが避難しやすい溝・「江《ごう》」と、田んぼと水路をつなぐ魚道を設置するなど「生きものを育む農法」を採り入れる。

（2）生きもの調査を年2回実施すること。

（3）農薬や化学肥料を地域の慣行と比べて5割以上減らして栽培すること。

（4）栽培者がエコファーマー（新潟県認定）であること。

（5）佐渡で栽培された米だということ。

この要件を満たした農法で、トキと共生の道を目指そうという農家は、二〇一三年度現在で六八四戸を数えた。面積は一三六七ヘクタールに広がったという。始まった二〇〇八年の頃と比べると、面積で約三倍になった。ですが、認証制度を検証したところ、冬水たんぼを実践した田んぼのコメの食味が、芳しくないとの評価もあり、生き物が避難しやすいビオトープのような「江」が望ましいとしています。

トキは目の回りが赤く、くちばしが黒で、ほぼ全身が白っぽいが、空を飛ぶ姿を見ると羽が淡いピンク色で、美しい。中国では、「美人鳥」とも表現されるそうです。全長七七センチほどで、コウノトリが全長一一〇センチあまりなのと比べると、やや小さい。

トキの仲間には、クロトキや、くちばしがしゃもじのような形をしたクロツラヘラサギなどがいる。トキはくちばしがやや下向きに曲がっているのに対して、クロツラヘラサギは直線的。トキの仲間は、くちばしの感覚が鋭いようで、水中に突っ込んだくちばしでえさを上手に探します。

トキの生息状況や保護の歴史について、鳥類研究者が調査したり保護活動に関わったりして書いた本などの資料を読むと、その時代の状況や生活文化に大きく左右されたことが推察されます。

当時、山階鳥類研究所理事長だった山階芳麿氏と日本野鳥の会の創設者の中西悟堂氏の監修で一九八三年に発行された『トキ　黄昏に消えた飛翔の詩』という本が手元にある。それによると、古文書にトキが登場するものが数多くあるが、江戸時代には徳川幕府によって狩猟が制限されていたため、トキを含む野鳥がよく保護されていたことを紹介。八代将軍の徳川吉宗に仕えた植物や動物を調べる本草学者が、一七三五年に全国の藩に産物の調査を指示してまとめた資料が残されている。それには、北海道から九州まで全国各地にトキがいたように記されている。ほかの藩からトキを持ち込んで繁殖させた藩主もいたという。

明治維新の後は、狩猟制度の整備が不十分で羽を飾り用にするため、トキを捕獲するなどしたため激減したとも指摘しています。

一九三四年（昭和九年）に国の天然記念物に、一九五二年には国の特別天然記念物に指定されました。太平洋戦争中には、森林の伐採が続き、トキを取り巻く環境は悪化した。さらに、戦後の経済復興期には、アメリカから持ち込まれた有機塩素系の殺虫剤や有機リン系の殺菌剤が、コメづくりに使用されたことで田んぼの生き物に深刻な影響を及ぼしました。魚毒性や農薬の残留性の問題がある農薬が生き物たちの生存を脅かすことは、アメリカの女性研究者・レーチェル・カーソンの『Ｓｉｌｅｎｔ Ｓｐｒｉｎｇ』（沈黙の春）という有名な著書によって明らかにされました。残留農薬によって人間の健康にも害を及ぼすことが、作家・有吉佐和子の小説『複合汚染』（新潮社）などによって広く知られましたが、まさに「時遅し」でした。

一九八一年一月に最後まで佐渡に生き残っていたトキ五羽が捕獲され、日本の空から野生のトキが、いったん消滅することになった。人工繁殖に取り組むためだ。同じ年に中国・陝西省洋県で野生のトキが生息していることが中国の研究者の長期にわたる調査で判明。中国でも、野生のトキを保護する一方、人工繁殖が進められました。

佐渡で捕獲されたトキと中国のトキとの間の増殖も試みられたが、結果的には、佐渡トキ保護センターで中国から贈られたトキの人工繁殖が進められ、二〇〇八年九月に初めて放鳥されました。放鳥は、二〇一三年までに計一四〇羽余りを数え、野外での自然繁殖のひなも誕生したという。

トキが国内で最後まで佐渡で生き延びていた理由について、佐渡市の資料では、江戸時代に

ウナギをくわえたクロツラヘラサギ（柳川市）

トキ（佐渡市）

田んぼでえさを探すトキ

佐渡金山の採掘が続いたことで島の人口が増え、食糧を確保するために新田開発が繰り返され、棚田などが増えた。太平洋戦争後も島の人たちが、自家消費用のコメをつくるため農薬の使用を抑制する農法を続けたのも要因ではないか、としています。

トキなどの運命を資料などからたどると、稲作の文化と深く関わっていることが、理解できます。トキやコウノトリなどが、えさをとれる田んぼで育ったコメは、私たちの健康にもよく、おいしいということであれば、暮らしのあり方が問われているとも言えるでしょう。たかが野鳥ではなく、観察すれば感動せずにはいられなくなる鳥たちとともに生きる覚悟が必要だと感じました。

◆ツルとの共生を目指す出水

「鶴は千年　亀は万年」という言葉に代表されるように、ツルは縁起のよいことの象徴で、古くから結婚式などの衣装や品にデザインが採り入れられ、親しまれてきました。

日本の代表的なツルは、北海道などにすむタンチョウでしょう。頭の部分に赤い羽があることからそう呼ばれます。全国各地に「鶴」にちなんだ地名がある。すべての土地にタンチョウが飛来していたのか。それはわかりませんが、冬にシベリアなどから越冬のため飛来するマナヅルやナベヅルも、ツルとして認知されていたのでしょう。

ツルは、コメを主食とする日本の文化と深くかかわりがある。ツルの越冬地としては、鹿児島県出水市がよく知られています。八代海に面した干拓地が広がり、そこの田園地帯に毎年十月頃飛来する。人が近づけない「保護区域」が設けられ、水を張った人工的なねぐらも用意されています。一九九七年度以来、二〇一三年度まで十七季連続で一万羽を超すツルが、出水で冬を過ごした。

鹿児島県北部への越冬ヅル飛来は、もともと出水市の南隣にある阿久根市の東シナ海沿いの干潟で観察されていましたが、宅地開発などで出水平野に移ったのです。ツルは雑食性で、越冬地では稲穂や草、ミミズ、昆虫、ドジョウなどの小魚をえさにして過ごす。広大な干拓地がある出水平野では、コメや麦、そら豆、ブロッコリーなどが栽培されています。大事に育てた野菜や麦などをツルに荒らされたら農家の心情としては、ツルが縁起のよい生き物であったとしても、心地よいものではありません。

ツルの越冬地が国の特別天然記念物に指定されていることもあって、出水市や鹿児島県などで組織されている鹿児島県ツル保護会が、秋から翌年春までに田んぼを借り上げて、ツルが安心して越冬できるように水を張ったねぐらを用意したり、フェンスで囲んだりしでいる。農作物を荒らさないようにと、毎朝、保護区域内の道路に小麦をえさとしてまいています。この給餌作戦も影響したのか、出水はツルたちにすっかり気にいられて、「万羽ヅル」の越冬地になってしまったのです。

一万羽にものぼるツルをどうやって数えるのか。出水平野には、荒崎地区と旧高尾野町の東干拓のあわせて二カ所に保護区があり、田んぼに水を張ったねぐらにツルたちが夜に集まり、早朝にえさを求めていっせいに飛び立つ習性がある。羽数調査は、ツルがねぐらを飛び立つ時間帯に鹿児島県ツル保護会と地元の中学生たちが参加して進めてきました。越冬期間中に四〜五回にわたって種類ごとに調べて、観察した羽数が一番多く、確実なのを記録に残すのです。

二〇一三年度の場合、出水市ツル博物館によると、十一月三十日に記録した一万二五五七羽が最高だった。内訳はナベヅル一万六二八羽、マナヅル一九一九羽、カナダヅルとクロヅルが各四羽などだ。

越冬するツルが出水平野に集中しているのは、八代海や東シナ海沿いに広大な水田があり、越冬期間に農作物の食害を防ぐねらいで、えさを用意してていることが、一番の理由かもしれない。さらに農家も夏場から秋にかけて刈り取った稲の二番穂を残す心配りをしているのも、ツルにとっては好都合です。二番穂は、刈り取った稲の株から芽生えてできたもので、ツルが越冬のため飛来する十月初めごろに実る。給餌が始まる前に、長旅で消費した体力を回復させるには、ちょうどよいエネルギー源なのです。

越冬期間中に観察を続けると、ツルたちがどんな行動をするのか少しずつ見えてくる。ナベヅルやマナヅルのほとんどは、三羽か四羽がいっしょに行動する。羽がまだら模様の若鳥も混じっていて、家族連れと見られる。えさは、田んぼに生えている草の根や稲穂、ミミズ、ドジョウ、ザリガニなど。

農家が収穫を終えた後に残ったブロッコリーをナベヅルが、大きなくちばしで食べているのを写真に撮ったことがあります。よく見ると、ブロッコリーの芯の部分を先に好んで食べていました。なぜか、知り合いの紹介で料理研究家の辰巳芳子さんに写真を送って、おたずねしてみると、ツルは芯の部分が甘くておいしいことを、本能的に知っているらしいということだった。これには、驚かされたものです。

ツルは、シベリアなどの繁殖地から朝鮮半島経由で飛来しますが、野鳥の研究者らが、ツルに電波発信機をつけて人工衛星を利用して渡りのルートを調べた結果、韓国と北朝鮮の間の北緯三十八度線上の非武装地帯にも立ち寄ることがわかっています。近年は韓国でも、ツルの越冬地が保護されるようになり、日本に渡って来ないツルもいる。特にマナヅルが多く、出水平野では、マナヅルの越冬羽数がやや少なくなる傾向が見られます。

二番穂を食べるナベヅル
（出水市）

ツルは寿命が長く、番《つがい》の「夫婦」が長く寄り添う習性があるということからめでたいものの象徴として見られている。実際は、どれだけ長く生きるのか、動物園で飼育されているツルで約七十年生きた記録があるとされる。出水平野に飛来するナベヅルに着けた足輪から出水に二十二年も通ったという観察データがあるという。さらに夫婦の絆の強さを物語るエピソードとして、約五十年間もツルの給餌などを受け持ったツル保護監視員の又野末春さん（故人）から聞いた話があります。傷を負って繁殖地に帰れなくなったナベヅルが保護され、飼育舎で夏を過ごしたが、その年の秋にツルたちが越冬のため出水平野に飛来した時に、傷を癒やしたツルの相手とみられるナベヅルが、飼育舎の上空に来て鳴き交わしたという。こんな話がツルを愛する心情を増幅させるのでしょう。

出水市ツル博物館によれば、越冬中のツルを保護するためにツル保護会が農家から借り上げるツル休遊地の田んぼは、出水市荒崎と旧高尾野町東干拓の二カ所あわせて四二・五九ヘクタール。地権者一三二人に一〇アールあたり四万円の借り上げ料が支払われる。農作物への食害を防ぐためにまく小麦は、一羽あたり一日八〇～九〇グラムの計算だ。万羽ヅルになってからは一日あたり約一トン。越冬期間中全体では二〇一二年度の場合、約一二〇トンにのぼった。ツルたちが繁殖地に帰る北帰行の約一カ月前からは小魚も与えている。かつてはイワシを用意したが、イワシの不漁が続いて高値になったため、近年は地元でとれるさまざまな小魚、いわゆる雑魚をやっているという。

越冬地でツルたちが安心して過ごせるように借り上げた田んぼの保護区の周囲には、黒いシートが張りめぐらされている。これは、人が近づかないようにするねらいのほか、田んぼ沿いの道路を夜間に通りがかった車のライトで、ツルが驚かないようにとの気遣いからだ。また、出水の人々にとって、ツルとの縁は深いものになっていて、毎年二月から四月ごろまでの北帰行の時期になると、別れを惜しむ姿が見られます。八代海を一望できる隣の長島町の展望台には、晴れて上昇気流がわく時間帯にツルの北帰行を観察しようというファンが集まる。隊列を組んで海を渡る姿は、ドラマのようです。

そんなに地域になじんだツルならば、「鶴の恩返し」を期待してもよいはずですが、ツル見物の観光客はむしろ減り気味。ツルが越冬する環境で育てた農作物を「安心の証し」として販路拡大しようという試みも広がっていません。

ブロッコリーの芯を食べるナベヅル。本能的においしさを知っている

世界中に生息するナベヅルの羽数の約九割が出水平野で越冬する状況が続く。いわゆる一極集中だ。もしツルの伝染病が流行した場合、種の存続が危機に陥る危険性もあるため、環境省などが二〇〇一年度からツル越冬地の分散化計画を進めているが、功を奏していない。二年がかりで調べ、議論を重ねて二〇〇三年三月に環境省と農林水産省、文化庁が報告書をまとめた「出水・高尾野地域におけるツル類の西日本地域の分散を図るための農地整備等による越冬地整備計画調査報告書」という長い題名のリポート。約十年計画のプロジェクトですが、実現しないままです。

報告書によれば、分散候補地として名前が挙がったのは、山口県周南市八代（旧熊毛町八代）や佐賀県伊万里市などだ。八代は、古くからのナベヅルの飛来地として知られるが、近年は越冬羽数がひと桁になっている。

江戸時代は、全国的に殿様以外のツルの狩猟が禁止され、羽数も多かったとされますが、明治維新の後、狩猟の規制がなくなって乱獲されるようになった。そんな中、八代では村人たちが、ツル保護のために結束したという逸話が残っている。越冬地は、山間部の水田地帯で、かつては階段状に狭い棚田があり、落ち穂やドジョウ、カエルなどのえさを取りやすい環境だった。周南市教育委員会鶴いこいの里交流センターによると、記録が残る一八七七年度以降に渡来羽数が最も多かったのは一九四〇年度の三五五羽だった。一九七七年度の一〇六羽を最後に二桁になり、二〇〇六年度の九羽から二〇一三年の七羽までひと桁の状況が続く。二〇〇八年度には四羽までになった。出水平野と同じく国の特別天然記念物にしてされていることから、山口県などは羽数激減に危機感を抱いている。

越冬ヅルの羽数を増やすため、二〇〇六年から出水平野で羽などに傷を受けて保護されたナベヅルを文化庁の許可を受けて、周南市に移送するプロジェクトを始めた。治療後に、越冬のため飛来した別のナベヅルに仲間入りさせていっしょに北帰行させようという試みだ。翌年の二〇〇七年三月に三羽が放鳥されたが、背中に電波発信機をつけたナベヅルは、朝鮮半島にたどり着く前に電波が途絶えてしまった。その後も、保護ヅルの移送と放鳥が続けられている。八代で放鳥したツルは二〇一三年までに十五羽を数えるが、家族を連れてくるというもくろみは、二〇一三年度までは実現していない。むしろ、八代ではなく、翌シーズンに出水平野に飛来したケースもある。

周南市教委は、「ナベヅル渡来羽数が減ったのは複合的要因」としています。つまり「さまざまなことが考えられる」というが、具体的には狭い田んぼが階段状になった棚田を、農作業を機械化しやすいようにほ場整備したことや、近くの山林を開発してゴルフ場が造成されたこと、ねぐらとなっていた山間の田んぼが荒れたことなどが挙げられることでしょう。激減した羽数を回復させようという試みも続いています。ツルの渡来地の環境を守る農業を、と農薬や肥料を減らした米づくりを目指す農家グループも生まれました。

二〇〇六年一月に結成された農事組合法人「ファームツルの里」。コウノトリの野生復帰を実現した兵庫県豊岡市の取り組みを参考にして水田の一角に水を抜いた後でもトンボやカエルなどが生き延びられる小さな水たまりを設ける試みもしている。

出水平野に「一極集中」したツルの越冬地だが、出水平野に飛来したツルたちは、人間が与えるえさだけで冬を過ごすわけではありません。九州では、出水平野との間を行き来している「休息地」が数カ所ある。長崎県諫早市の干拓地や熊本県玉名市の横島干拓。諫早の干拓地と言っても、一九九七年に諫早湾奥部への潮流を断ち切って造成された農地ではない。旧森山町などの古い干拓地だ。新しい干拓地は米づくりをしていないため、ツルたちがえさを探すには不向きだ。旧森山町の干拓地は、米や麦を中心に栽培する広い農地がある上に水路が、土手のある環境で小魚などの動物質のえさもとれる。百羽近いマナヅルやナベヅルの群れが観察されることもある。

新しい干拓地の農業の進め方について、長崎県などは、「環境保全型農業」を目指すとPRしています。ですが、地元の諫早市はツルの分散化計画には、消極的な姿勢です。一方、横島干拓は、諫早湾の対岸にある。マナヅルが時折観察されるが、羽数は十羽以下のことが多い。

ほかに九州北西部の佐賀県伊万里市が、越冬地分散化の候補地として名乗りをあげ、広さ約五〇ヘクタールの湿田地帯の長浜干拓にマナヅルが越冬しやすい環境を整えようと進めていました。もともとツルの渡りのルート沿いにある土地でマナヅルが時折、飛来し、越冬するのも観察されています。二〇一三年度の場合、伊万里市によると、マナヅル六羽が飛来した。うち二羽が冬を越した。長浜干拓では、二〇〇六年から干拓地にツルを呼び寄せるために仲間がいるように見せるために模型のデコイを置いたり、スピーカーでツルの鳴き声を流したりしていた。だが、二〇一二年度からは「誘致活動」を中止した。同市では「環境省が具体的な事業を積極的に進めなかった」という点や干拓地に農地を持つ農家から越冬期間中の農地への立ち入りが規制され、農作業がしにくい点などを理由に挙げた。ですが、この背景には二〇一〇年十二月に出水平野で死んだナベヅルが見つかり、調べた結果、「H５N１亜型の高病原性鳥インフルエンザ」ウイルスが見つかったことも挙げられます。

万羽ヅルは、出水の人々にとって自慢のタネでもあると同時に悩みのタネでもあるのです。

出水は、養鶏場が多い町。卵や肉を大量に出荷している農協がある。このため鳥インフルエンザウイルスの問題には、敏感に反応する町です。二〇一一年一月には、同市内の養鶏場で高病原性鳥インフルエンザが発生した。出水市ツル博物館によると、二〇一一年度の越冬シーズンから鳥インフルエンザ対策を続けている。ツル見物で訪れる荒崎地区の観察センターの前の道路への一般客の立ち入りを規制。センター周辺には消毒用の消石灰をまいたり消毒液に車のタイヤを漬けてもらったりしている。一方で、ツル保護監視員らにツルのようすをチェックする一方、ツルやカモなど鳥の糞《ふん》を採取して、鳥インフルエンザウイルスが含まれていないか調べているという。

鳥インフルエンザウイルスという難題が、越冬地の分散化計画を進める上で足かせになっていますが、さまざまな生き物と共生することは、私たちの暮らしの環境を生き物たちが支えている点を考えると、大切なことです。難題を解決しながら前に進むしかないと思います。

◆忘れられた里山の暮らし

里山。身近な小さな森で、山菜採りやキノコ狩りなどを楽しめて、小さな生き物や野鳥と親しめる場所と言ったらいいのでしょうか。どんなイメージを描くか、ふる里の環境が違えば、それぞれに異なるものです。

よく見聞きする農村の里山の風景は、コメづくりをする田んぼがあり、集落の裏に自然林に囲まれた丘陵地がある。それに畑が階段状に広がるというところでしょう。丘陵地のふもとには小さな川や池がある。そんな環境が各地にある。いや、昔はあったと言った方がよいかもしれない。

加温して早めに出荷できるようにと、ビニールハウスやガラス張りの温室でイチゴやメロン、ミカン、野菜を栽培する農法が普及。農村の風景も変わった。若い世代の皆さんから見れば、それが普通の風景かもしれませんが、戦後間もない頃に生まれて、農村で育った世代の人間からみると、違和感を覚えることもあるのです。

里山は、人が手入れをしないと下草が生えて風通しが悪くなるし、太陽の恵みが受けにくくなる。竹林も、タケノコを採らず、親竹も切らないで放置すれば地下の根がよその山や畑に延びてしまう。メロンやトマトなどの栽培で忙しい農家の中には、畑で自家消費用の野菜も作らず、放置された畑が草や木で覆われるという光景が少なくありません。野菜の育て方を忘れた農家もあるほどです。大都会の住民からすれば、田舎の農家はどこでも、さぞやおいしい野菜を食べていると想像するかもしれません。ですが、農業機械や栽培施設にお金をつぎ込んで稼ぐことを奨励する農林水産省の農業政策では、そうせざるをえなくなってしまいがちなのです。

里山には、暮らしを支え、楽しむために柿や梅、ユズなどの果樹が植えられて、季節によって旬の食材を確保する暮らしの知恵が受け継がれてきました。干し柿や梅干しなどの加工の技がそうです。

自分の庭や畑、林で育てた果物でおいしい食べ物をいただくのは、近年では、むしろぜいたくな暮らし、ととらえられる向きもある。自給自足に近かった、かつての農村の暮らしでは、自然な暮らし方だった。たとえばウメ。九州のふるさとの家の裏山にはウメの木があり、6月ごろになると、ウメの実を収穫する「ウメちぎり」をした。ウメの木の下にむしろを敷いて、枝を揺らしたり竹の棒で叩いたりすると、実が落ちてきた。まだ完全に熟していない青梅でも、梅干しに加工していた。九州では、青い梅で梅干しづくりをする習慣が根強かったが、最近では完熟して香りのよいウメを選んで梅干しづくりを楽しむ家庭が多くなったようです。

青梅の利用法として、ウメの実をすりおろして煮詰めた梅肉エキスづくりも、母がよくやってくれた。暑い季節に水を飲むことが増えてくると、腹の調子がおかしくなる時もある。そんな時には、梅肉エキスの出番だった。最近では、青い梅の実をハチミツに漬けてウメのエキスを健康管理に役立てる「梅蜜《うめみつ》」や、黒酢にウメを漬けて楽しむ家庭も多いようです。

晩秋の楽しみは、干し柿や「あおし柿」づくり。渋柿が裏山にあり、まとまった量のカキをもぎ取って加工するのです。あおし柿は、渋みを出すタンニンを抑えて甘みの成分を引き出す「渋抜き」の作業で、わが家では、大きな鍋でゆがいてふくろに詰めておいた。現在では、柿のへたの部分に焼酎などをふきかけて厚手のビニール袋に密封して一晩置く方法などがある。ユニークな渋抜き法としては、渋柿を温泉の湯船に浸けるやり方もある。鹿児島県さつま町の紫尾温泉では、屋外に温泉の湯船を置いて、やや低めの温度でカキの渋抜きサービスをしていた。

渋柿は、熟する前の青いうちの実をつぶした果汁を発酵させた「柿渋」を防腐剤などに利用する知恵も古くから伝わる。漁網や和紙の団扇《うちわ》に塗って、長持ちさせていたのです。

干しガキは、各地に伝わる品種や加工品の名物があり、それぞれに独特の加工法が伝えられている。やわらかくておいしい「あんぽ柿」や、竹串に刺して正月飾りに利用するものなどだ。産地として長野県の伊那谷の市田柿や山形県上山市などが知られる。島根県の松江市東出雲町や熊本県宇城市豊野町、佐賀市でも干し柿づくりが盛んです。

干しガキは、そのままでもお菓子代わりのおやつにも。冬場に大根やニンジンなどといっしょに混ぜて甘酢でいただく「柿なます」でもおいしい。家庭での干し柿づくりは、軒先やベランダに、のれんのようにひもで何個かつないで寒風にさらしておくと、十日から二週間程度で乾燥して甘くなるが、地球温暖化の影響でかびが生えやすくなって、作る意欲が失われがちになってきているようです。赤く熟した柿の実が、鈴なりになっている農村の風景も、懐かしさを感じさせます。特に旅先で出会うと印象に残りますが、そんな風景も、昔と比べるとずいぶん少なくなりました。

また、かつてはタケノコを採ったり、農作業や漁業の道具、台所用品の材料に加工していた竹も、利用する機会が激減しました。温泉の泉質の種類も数多く、湧出量が日本一とされる大分県別府市では、温泉の湯治客が、温泉の噴気で調理する「地獄蒸し」のサービスを提供している旅館があるが、かつては、竹製品がよく利用され、土産にも愛用されました。その結果、竹工芸が盛んになった。地元では、結婚祝いに鮮魚のマダイをプレゼントする時に使われる「鯛かご」もあった。今では土産品のほとんどが東南アジアからの輸入品で占められるという。大分県に限らず、全国各地で竹林の手入れが行き届かず、荒れた状態になった地域が多い。スギやヒノキの人工林と同じ状況なのです。

竹林の恵み。タケノコ掘り（福岡県八女市）

ツバキ油を搾るためのヤブツバキもあったが、今は少ない。ツバキの群生地があり、観光資源として利用している地域もある。長崎県の五島や山口県萩市、東京の伊豆大島などが、その例でしょう。物の流通が狭い地域に限られた時代は、「地産地消」だったのです。里山に出かけると、季節ごとにいろんな野鳥などの生き物に出会えます。九州では二月ごろ、ウメやツバキの花が咲くと、やってくるのはメジロ。緑色の体に目のまわりに白いリングのような模様がある鳥。雄の鳴き声は甲高く、美しい。「キュルッ、キュルッ」などと聞こえる声でせわしく鳴く。

舌の先が棒状のブラシのようになっていて、花の蜜を吸うのに都合がよいらしい。ウメやツバキの花が咲くと、群れで「食事」にやってくる。梅をたくさん植えている果樹園や並木では、花粉も運んで交配の手伝いをしてくれる。メジロがたくさん飛来した時は、梅の実も豊作だという話を聞いたことがある。メジロの力だけではないでしょうが……。

メジロは全国各地に分布しています。それぞれの地域や季節で、えさも異なるはず。果物が熟する秋になると、渋柿が熟して収穫されないままのを食べる。

花の蜜も、サクラなどいろいろある。鹿児島県奄美大島に転勤で住んでいた時に、公園に植えてあるポインセチアの花に飛んできて蜜を吸うのを観察した。ずいぶん、昔のことだが、ちょうどクリスマスの季節だった。亜熱帯の果物がある奄美大島では、野外でパパイアの実が熟して黄色くなる。メジロは、パパイアもおいしく食べます。

花札に、「梅にウグイス」というのがある。早春のイメージを表現した遊び心の札かもしれないが、自然の中で観察をすると、梅の花に寄り添うのは、ウグイスよりメジロの方が多い。またウグイス色と言って緑がかったものを指すケースがあるが、ウグイスはオリーブ色と褐色が混じったような色と言った方がよい。ウグイスは虫を食べることが多い。

ウグイスは、早春から初夏にかけての「恋と子育ての季節」の鳴き声が美しい。縄張り争いの「さえずり」だ。冬場になると、やぶの中を移動する時に「チャッ、チャッ」という声を出し、「地鳴き」と呼ばれる。「ホーホケキョ」は、春の訪れを感じさせてくれるが、地球温暖化

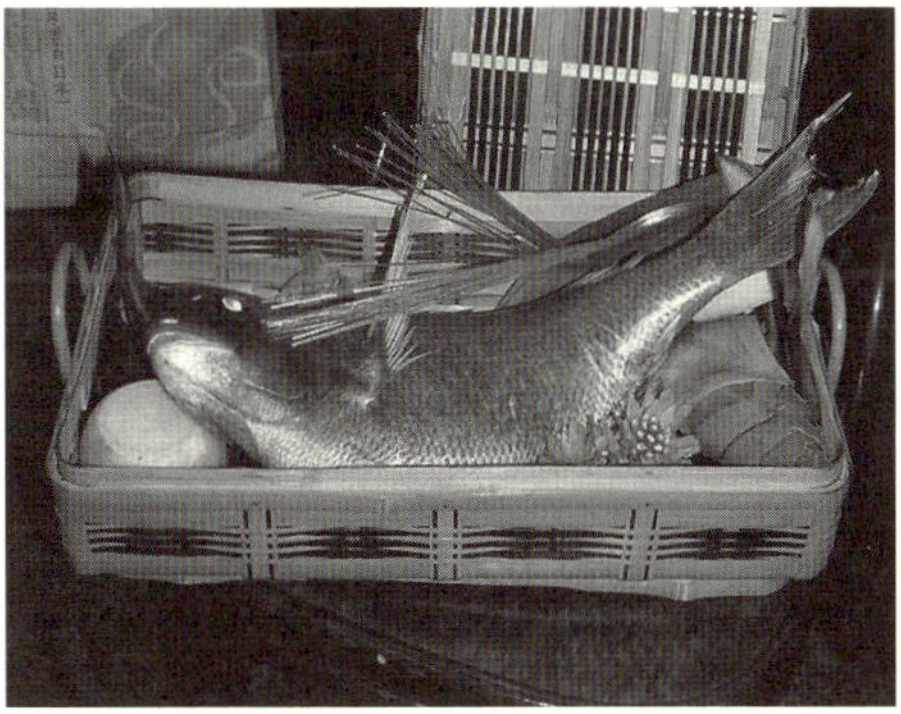

鯛かご。大分県ではめでたいときの贈り物

のせいか、冬場に気温の高い日に「ホーホケキョ」と鳴くのを耳にして、「ウグイスもおかしくなったか」と驚いたことがある。

人口の多い町の中でも、緑が多ければ時折、ウグイスの美しい声を聞くこともあります。そんな時はうれしい気分になるものです。最近は、都市部でもイノシシやシカ、サル、ところによってはクマが出没する「事件」が話題になる。美しい声は歓迎だ。

ホオジロも、里山でよく観察される野鳥。草の実や小さな虫をえさにします。海岸や川沿いのヨシ原でも見かける。雄が高い木の枝のてっぺんに止まってきれいな声で鳴く。ミカン畑など野鳥が身を隠しやすい木々に囲まれた草地には、時折、キジが出没する地域もある。狩猟用に放鳥されたのもあるから野生種との区別がしにくいですが、雌よりも雄の姿が美しい。「焼け野の雉子《きぎす》　夜の鶴」という言葉があるように、キジは、親鳥のひなに対する愛情が深い、と昔から伝えられている。自分の子だけでなく、番になった雌への気遣いもするようだ。鹿児島県の甑島《こしきじま》で、雌と雄がいっしょの場面を撮影したことがありますが、雌がえさを探している時に雄が見張り役をしている場面に出くわしたことがありました。

私たちの暮らしを支えてくれる里山には、さまざまな草木が生えていますが、野鳥が木の実をえさにして、離れた場所に排泄物の糞として出すことで、草木が芽生えてくる場合もある。「ピーヨッ」などと聞こえる甲高い声でなくヒヨドリなどが、そんな役割をする。ヒヨドリはその一方で、葉物の野菜を食べることもあり、農家から煙たがれることも。ツバキなど花の蜜を吸うケースもあり、雑食性だ。

木の実などが好物で、太くて短いくちばしで食べてしまう鳥もいる。「Ｆｉｎｃｈ」と呼ばれる種類で、ムクノキの実などを食べるのがイカルやコイカル。イカルは、黄色のくちばしが特徴的で「キーコーキーッ」とも聞こえる甲高い声で高い木枝で鳴く。青みがかった灰色と頭の部分の黒のコントラストがきれいだ。大分県臼杵市で雪が積もった日に、田んぼに残った稲わらに群れでやって、えさを探しているのを写真に収めたことがある。イカルは、奈良県の斑鳩《いかるが》町の名と縁があるとのことです。七世紀に建立され、ユネスコの世界文化遺産に登録された法隆寺がある町。「イカル」が多い環境だったらしい。

コイカルは、名前の通りイカルと体形は似ているが、イカルと比べたらやや小さい。サクラの花の季節に、花を食べているのを観察したことがある。落ちた木の実を探して食べます。

カシやクヌギ、エノキ、ムクノキ、カキ、山桜など、さまざまな木々や草が育ち、人間の暮らしを支える一方で、目や耳を楽しませてくれる里山。人手を加えることで、生き物たちをはくくむ循環が成り立っていたが、人間が里山とのつきあいをおろそかにするようになったことで、すみづらく感じるようになった生き物も数多くいる。里山に通わなくなったばかりか、ゴルフ場やゴミの埋め立て処分場になった事例もあります。

人手が入らなくなった結果、観察される生き物の種類も変わってきた。半世紀あまり前までは、冬場になると燃料の薪《たきぎ》をとったり有機肥料の材料になる落ち葉を集めに里山に行くのが農村の暮らしのスタイルでした。落ち葉の下にはミミズなどがいて冬場に渡ってくるツグミやシロハラなどをよく見かけました。

藪《やぶ》になった里山は、昆虫をえさにする野鳥には都合のよい面もあるようだ。美しい声で鳴く夏の渡り鳥・キビタキは、以前はなかなか観察しにくかったが、意外に身近なところで観察できる時がある。美しい姿や声の野鳥はまだいい方だ。えさの昆虫は、野鳥の種類によって異なる。くちばしの大きさや形によって、捕まえる虫が違うのは、当然で、うまく「すみ分け」をしているのだ。たとえばキツツキの仲間は、枯れ木を鋭いくちばしでたたいて穴を開けて幹や枝の内側にいるカミキリムシなどの幼虫をよく捕まえます。鹿児島県奄美大島では、国指定の天然記念物のオーストンオオアカゲラが、虫をくわえて巣のひなに運んでいるのを写真に収めたことがあります。また島根県邑南町では、山間の集落の田んぼの中の電柱に設けられた巣箱に、珍しいブッポウソウがガのような昆虫をくわえて飛んできたのを観察したことがある。周囲にはカシなどのこんもりと茂った広葉樹林があった。森の中に巣を造られるような大木が少なくなって、巣箱を置くことで、ブッポウソウの繁殖を手助けしようという試みは、隣接した広島県の山間でも広がっています。

里山の荒廃は、イノシシやシカ、サルなどによる農作物や木の新芽や皮が食べられる被害を拡大させている。質のよい建築材に育てるには、生育のよくない木を伐採する「間伐」や下草刈りなどの作業が必要だが、国産材の需要が伸びず、価格も安いため、間伐が行き届かないのです。人口の高齢化や過疎化もおおいに影響しています。

スギ林の間伐や竹林の手入れをするために各地の県では、納税者を対象に年間五百円程度の「森林環境税」の制度を設けて、それを原資に間伐費用を助成していますが、伐採した後、それを運び出して活用するという仕組みになっていないケースもある。運び出すのにさらなる費用や手間がかかるからです。

イノシシやシカが増えて畑や森での食害が目立つようになった事情の背景には、人口の過疎化のほかにハンターの高齢化と減少も挙げられています。

イノシシやシカを罠や銃で獲ったとしても、自然の恵みとしていただく腕前も大切だ。イノシシやシカの肉をおいしく食べて、少しでも森の再生にもつなげようという取り組みが、少しずつ広がっている。ジビエ料理と言われるものです。イノシシの肉は、豚の肉に似ていてずいぶん前から冬場の「ぼたん鍋」の食材になっていたが、近年ではイノシシ肉のハムなどもお目にかかるようになった。シカの肉は、大分県内で仕事をしている時に農家民泊を経営するお宅で食べましたが、さっぱりしてやわらかく、おいしかった。

◆菜の花畑を油田に

あたり一面に黄色のじゅうたんを敷き詰めたような菜の花畑。農村だけでなく、敷地が広大なリゾート施設でも春先に菜の花の風景が見られる。かつては、食用の菜種油を搾るために栽培されたナタネ。しかし、日本国内ではいま、食用油を搾るためではなく観光客を呼び込むためや、地域の景観をよくするねらいのものが多いようです。

てんぷらは、和食文化を代表する料理のひとつ。味わうなら地場産の食用油を使って、と考えてしまう。だが、菜の花が咲き終わった後、菜種《なたね》が詰まった殻をご覧になった方が、どれだけいるかわかりませんが、収穫するのがやっかいなのです。それに食用に適する品種かどうかの課題もある。一部には心臓病によくない成分を含んでいるものもあり、食用に向いている「ななしきぶ」などの品種が国内での栽培に利用されています。

食用油は、菜種や大豆、ヒマワリ、ツバキなどから搾り出される。伝統的な技法は一般的には、焙煎したのを圧搾して抽出。濾過《ろか》するやり方だ。これに対して大量に製造する場合は、化学的に油脂分を抽出するやり方が採用される。家庭で料理に使う食用油のほとんどは、大手メーカーが、海外から輸入した原料を化学的に処理したものと言えます。使った後の廃食油は、紙で吸い取ってごみとして焼却されることが多い。こうした暮らしをよく考えると、資源が無駄遣いされているとの指摘もあります。

資源をうまく活用して、ごみを減量する社会の仕組みづくりを目指して二〇〇〇年に「循環型社会形成推進基本法」が施行された。世界のそんな潮流もある中で、廃油をディーゼルエンジン車の燃料として再利用しようという取り組みがありますが、なかなか広がっていないのが実情です。こんな資源循環を菜の花栽培から一貫して進めよう、というのが「菜の花プロジェクト」。滋賀県内で一九九八年にスタート。菜の花プロジェクトネットワーク（藤井絢子代表）が全国に広げています。

「ごみゼロ」を目指して資源循環型の地域社会づくりを目指している福岡県大木町でも、菜の花を栽培して菜種油づくりをしている農家が数軒ある。大木町は、燃やすごみを減らそうと、生ごみとし尿を大きなタンクに入れてメタン発酵させる装置を活用。発生したガスを燃やして発電したり、液肥を農地に還元したりしている。紙おむつのリサイクルも、全国の自治体で初めて手がけた。こうした取り組みを参考にしようと、全国各地の自治体担当者や住民団体に加えて、韓国など海外からも視察が続いています。

菜の花を栽培して地場産の菜種油をつくる取り組みは、大分県豊後高田市でもNPO法人が、荒れた農地の活用策として二〇一四年に搾油機械を導入して本格的に始めた。また別の地域では、菜の花の景観や食用油だけなく、養蜂家の協力でハチミツづくりをした事例もある。菜の花畑は、台所に通じるし、「油田」にもなるが、ドイツなどのように「菜の花畑は油田」となるには、ほど遠いようです。

◆草原を守る野焼き

牛肉を鉄製の鍋で焼いてネギやキノコを入れて、酒としょうゆ、砂糖で味付けしたすき焼き。和食の代表の一つと言ってもいいでしょう。今では、外食産業のチェーン店の売り物にもなっていますが、脂肪が編み目状についた霜降り肉を使ったのは、若い人々にはことにおいしいもののようです。

アメリカやオーストラリア産の牛肉が輸入されていますが、和牛、特に黒毛和牛種は、おいしい。全国各地に自慢の和牛の産地がある。まず子牛を確保して健康に育て、肉質がよくなるえさや体の手入れをするのがコツとされる。牛を飼う農家には、肉牛を育てる肥育と、子牛を出荷する繁殖の二つのタイプがある。繁殖牛飼育農家の場合、丈夫な雌牛を育てるために夏場に丘陵地の草原に放牧するところもある。九州で言えば大分県由布市湯布院町の由布岳の山麓や熊本県阿蘇市の草原だ。湯布院町の放牧地は、由布院温泉に旅行で訪れた方ならば、牛の放牧の光景を見たこともあるかもしれません。

放牧するのは、牛の足腰を鍛えて健康な牛に育てるのがねらい。肉用牛を放牧する場合もあるが、草原の野草を食べることで胃壁が丈夫になり、食欲も増すという。大分県の和牛は「豊後牛」として売り出されている。おいしい肉牛を育てるには、肉質の優れた雄牛を確保し、その牛の精液を人工授精して繁殖させるやり方が一般的だ。

おいしい牛肉の産地として知られているところでも、畜産が盛んな宮崎県や鹿児島県から子牛を購入して、肥育したものを独自のブランドで売り出している産地もある。おいしい肉と知られているところほど、その傾向が強いようだ。

熊本県阿蘇地方の場合、赤牛と呼ばれる別の品種が知られている。由布市と同じく、放牧地の草原を守るために春先の野焼きが欠かせない。しかし、野焼きを支える人手が農家の減少や高齢化で不足しているのが悩みだ。野焼きは、ダニなどの害虫を駆除することや枯れ草を燃やすことで灰が肥料分になり、草の芽吹きと成長を促す効果があります。

由布岳の山麓の野焼きを取材したことがありますが、春先の枯れ草は着火すると風にあおられて、またたく間に燃え広がって危険だ。火の勢いで風も起きる。草原に潜んでいたシカが、あわてて逃げ出すシーンも見た。野焼きに参加する人たちは、消火用の水を入れた袋状のものを背負うことが多いが、時には火に巻き込まれることもあり、危険もつきまとう。野焼きは、放牧地を管理する地元農家の牧野組合が消防署や市役所に届け出て進める。

野焼きの後の山麓は、黒く染まって独特の景観を作り出す。しばらく経過すると、野焼きの後の草原にさまざまな植物が芽吹く。黄色のスミレがよく目立つ。サクラソウなど美しい花が自生していていたが、阿蘇くじゅう国立公園に含まれ、植物の採取が規制されているのにもかかわらず、盗掘が目立ち、減っている。野焼きが続けられることで守られる「珍味のキノコ」もあります。湯布院町の老舗旅館では、海の珊瑚《さんご》のような形をしたササナバをみそなどに長期間漬け込んだものを顧客に酒のさかなとしてサービスしていた時期もありました。ネザサという植物が自生する草原で育つキノコ。数が減った上に採る人材がいなくて文字通りの珍味になっています。

牛肉の話に戻りますが、かつてアメリカからの牛肉の輸入が、BSE（牛海綿状脳症）の問題で規制される前の二〇〇四年二月ごろ、テレビ局のアナウンサーが、「最後の牛丼」と、絶叫口調でリポートしていたのを記憶している方もおられるでしょう。当時、同じマスコミの人間として、何度も首をかしげてしまいました。「国産の牛肉を材料に、自分で料理すればおいしい牛丼は、食べられるのに……」と。自分で食材を探して料理するひまもないほど忙しい人々が多いのはわかるが、消費する側の都合だけでなく、ものをつくる側の事情や苦労をよく理解することが大切ではなかろうか。そういう訓練を重ねることで、知らない間に「消費者をだました」と指摘されずに済むし、だまされなくてよい。

源氏との戦いに敗れた平家の落ち武者たちが、住み着いたという伝説が残る宮崎県椎葉村は、険しい山間部の環境でユニークな暮らしの知恵が受け継がれている地域として知られます。

椎葉には、ニホンミツバチを使った養蜂で採取したハチミツや渓流でしかとれない川のノリなど珍しい産物がある。山林の斜面に火入れをしてソバやヒエなどを栽培する「焼き畑」も、数は少ないが、受け継ぐ農家がある。

二〇一三年八月に、椎葉村不土野で民宿を経営する椎葉勝さん方の山林で、焼き畑の火入れがあったのを取材した。すでに木が伐採された跡地での作業だった。火入れの前に、山の神様に酒や野菜の供え物をした後、作業の無事と豊作を祈る儀式が印象的でした。

周囲の林に燃え広がらないように下準備をした中でも、注意を払いながら丘陵地の上の方から燃やす作業が続いた。焼き畑に関心を寄せる人々が、集って作業を手伝った。

午前中に焼く作業を終えた後、まだ温かい灰が残る山の斜面で、その日の午後にはソバの種子をまく作業があった。ソバの品種は昔から伝わるという。

焼き畑をする山林は、年によって場所を代えて育てる作物も替える。約二十五年から三十年のサイクルで木材になる木も育てながら、食料となる穀物や山菜を自然の恵みとして受け取る暮らしの知恵だ。一カ所の広さは三〇アールから五〇アール程度。一年目はソバと伝統野菜の「平家カブ」など。平家カブは、細かく刻んで豆腐に混ぜ込む。ニンジンなどを細かく刻んだ野菜入りの郷土料理「菜豆腐」になる。二年目はアワやヒエなど雑穀で、ご飯を炊く時にいっしょに入れると雑穀米のご飯になる。

焼き畑は熊本県五木村にも形を変えて残っている。川辺川ダムの計画が中止になった後、水没を想定して集団移転した集落もある中で地域を再生する方策の一つとして復活を目指す動きもあるという。

◆地域の遺伝子資源を守る

和食の文化を大切に、という考え方は、冷静に考えると、一九八六年にイタリアで始まったスローフードの社会運動に通じるものがあります。アメリカで広がったファーストフードに対抗する考え方です。

スローフード運動は、有機農業などで育てられた、健康的で安心できる食材を使うことや、伝統的な食事をすることを広めることをねらいにしたもので、世界各地に広がっています。日本食をユネスコの文化遺産に登録する時の農林水産省の申請書には、スローフードのことは特にふれていないようですが、目指すところはいっしょだと言えるのではないでしょうか。

スローフード運動では、日本の国の農業政策で語られる大規模経営による効率的な作物栽培は、想定していないようです。田んぼや畑で育てられるコメや野菜の中には、味や形、色が独特なものがある。気候などの変化や病気に耐えて生き延びた品種の遺伝子には、そういう性質を備えたのがあるためだと考えられています。京都府や石川県に伝わる「京の伝統野菜」や「加賀野菜」が、そんな伝統野菜の代表です。伝統野菜は、大手の種苗会社が作っている大部分の「F1」(性質の異なる品種を交配させた雑種)の種子のように、その都度に種子を購入してまくのではなく、自家採取したタネをまけば芽が出てくる場合が多い。「固定種」や「在来種」とも呼ばれる品種です。

野菜を大量に出荷する場合、均一な作物をそろえることが求められるため、形や大きさがばらつきがちな伝統野菜は、敬遠されることが多かったようです。でも味がよく、病気に強いなど魅力があり、長い間親しまれてきた品種が生き残ってきたのでしょう。九州と山口各地の伝統野菜のいくつかを紹介してみましょう。

たとえば鹿児島県の火山灰土壌の畑で作られる桜島大根は、大きすぎて一度に小さな家族で食べるのが、難しい。でも、桜島大根は、鹿児島湾（別名錦江湾）でとれるブリと煮込むなどの料理では、味がしみこんでおいしくなります。地元では、重量コンテストなどをして品種の保存活動をしています。また山口県萩市には、長さが三〇センチ近くになるナスがある。品種名は「田屋なす」と言います。重さが五〇〇グラムを超えるのを「萩たまげなす」と名付けて出荷されます。「たまげる」（びっくり）するほど大きいという意味。挿し木をした苗で栽培されます。身が軟らかくて焼きナスにすると、甘くておいしいと評判です。

また長崎県雲仙市吾妻町に伝わる「雲仙こぶ高菜」は、中国から持ち込まれた高菜を、地元の種苗店主らが、地元の風土に適したものを選抜して育てた品種。こぶがあるため、敬遠されていましたが、こぶの部分のおいしさが見直され、再び栽培農家が増えて、他県でも栽培する愛好者がいるほど。漬けものの加工品の評判もよいという。

地域の食文化として伝統野菜を守り、広めようという動きが各地に出ています。「大量生産、大量消費」の考え方とは逆の動きですが、地域振興のキーワードにもなっているようです。伝統野菜でよく知られているのは京都の野菜。千年余りの都の歴史の中で独特の食文化が、生まれ、育ってきた土壌から「京の伝統野菜」が生まれました。「聖護院だいこん」や「聖護院かぶ」、「賀茂なす」、「伏見とうがらし」、「九条ねぎ」などが挙げられます。京都府農林水産部によると、京都府内で生産されたものを「京野菜」と呼び、伝統的な野菜の品種を「京の伝統野菜」として区別しています。「京の伝統野菜」として選定する基準は、「明治以前に導入された野菜」で「京都府内で生産される」などを挙げている。現在、「京の伝統野菜」として選定しているのは、三十七品目。京都のブランドとして認証された野菜のほかに、「京うど」や「京みょうが」など生産量が少なく、市場に出回りにくいのも含まれている。伝統野菜の魅力を受け継ぎ広めるため、京都府では、府の農林水産技術センターで、味や形がよい種子を確保して保存する仕組みにしている。また消費拡大につなげるため、漬物などに加工したり学校給食の食材として活用したりしているという。

萩たまげなす

また石川県金沢市に伝わる「加賀野菜」もよく知られています。加賀野菜としては、キュウリやダイコン、カボチャなど独特の色や形を備えた伝統野菜があります。しかし、それらを栽培する農家が減った危機感から一九九〇年ごろからブランド化して生産・流通を増やそうと農協や市場関係者らが、復活を目指す取り組みを続けています。一九九七年には金沢市農産物ブランド協会を設立。「加賀太きゅうり」や「源助だいこん」など十品種を加賀野菜として認定しました。「ブランド協会」によると、認定の基準は、「昭和二十年（一九四五年）以前から金沢で栽培されてきた」野菜としています。さらに、①まとまった数量を市場に出荷できる②生産者の組織があるなどが条件で、認定した野菜の生産者グループが種子を確保する仕組みにしている。一方で金沢市農業センターでも遺伝資源を守るため種子を採取して保存してきた。さらに、加賀野菜を扱う料理店や食料品店の登録制度を設けて販路の拡大に協力してもらっているとのことです。

　イタリアのスローフード運動を紹介したノンフィクション作家・島村菜津さんの本『スローフードな人生！』（新潮社）が二〇〇〇年に出版されたこともあって、日本国内でも伝統野菜への関心が高まりました。種子を自家採取する方法を解説した本もあります。もちろん、それ以前に地域の遺伝資源を生かそうと、独自に品種を開発して特産品に育てた試みも数多くあります。たとえば福岡県糸島市二丈町では、福岡県が研究開発した赤米《あかまい》の栽培を一九九一年に始めた農家グループがあります。長崎県対馬に伝わる祭事用の赤米ともち米を交配したものです。明治維新の後、コメの検査制度が導入され、色がついたコメは、「等級外」とされた考え方を改めて、健康にもよく、バラエティーに富んだ作物を、との発想からでした。

　スローフード運動の影響か、地域の資源を大切にしようと、自治体によっては、伝統野菜を解説する冊子を作ったり、野菜の種子を保存する「ジーンバンク（遺伝子銀行）」を設けている県もあります。日本でスローフード運動が広がる前からその活動を行っていたのが広島県。一九八八年十二月に財団法人広島県農業ジーンバンクとして開設。県内の作物の種子を調査、保存して特性を調べた上で活用する仕組みをつくったのです。組織の改革で二〇一四年度から広島県森林整備・農業振興財団の運営になりました。広島県農業ジーンバンクの技術嘱託員・船越建明さんによると、ジーンバンクで保存している野菜や豆などの種子は約五二〇〇種を数える。この中から味がよいものや珍しい在来種を「お宝野菜」として十五種類を選んで広めている。漬けもの用として知られる広島菜は含まれませんが、「お宝野菜」などの種子を貸し出す仕組みもあるということです。

船越さんによると、在来種の野菜を守る取り組みは、全国各地の自治体の研究機関や大学、民間の保存会の活動で広がっている。ホテルやレストランで在来種の野菜を食材として使う動きも見られるが、在来種の特性を守るには、遺伝子が交雑しないように工夫して野菜の種子を自家採種することが大切だが、農家自らが種子を受け継いでいくことが難しくなっているうえに、各地域の種苗業者の間でも自家採種の技術が受け継がれにくくなっているという。

雲仙こぶ高菜

在来種の遺伝資源を守ろうと、各地に「保存会」も生まれているようです。全国の有機農業の農家などでつくる日本有機農業研究会では、種苗の交換会を開いて在来種を広める活動をしています。この有機農業研究会のメンバーで長崎県雲仙市吾妻町に住む岩崎政利さんに会って話を聞いたことがあります。

岩崎さんは、国営干拓事業が進められた諫早湾に面した島原半島で野菜づくりをしている農家です。有機農業を続け、約三十年前から在来種の種子を自家採取して個性のある野菜を育て、希望する消費者やレストランの料理人に送っているそうです。今では長崎の伝統野菜の「長崎赤かぶ」や赤大根など約五十種の在来種の種子を自家採取しているとのことです。

在来種にこだわる理由を聞いたところ、「市場に出荷するには、形や大きさをそろえやすいF1（交配種）がよいが、在来種は生命力があり、少ない肥料でも育つ。独特の味もある。野菜の遺伝子は、花粉が昆虫などで運ばれ、交雑しやすく、ネット（網）で覆うなど工夫が必要。交雑は避けられない面もあるが、野菜とつきあっていくと、隠れた特性が見えてきて面白い。十年ぐらいすると、地域の風土になじんできて味のよいものができますよ」という。

伝統野菜について、岩崎さんは「伝統野菜は、地域の文化と結びついたのもある。たとえば長崎赤かぶは、酢に漬けると赤くなるため、正月のおせち料理に縁起ものとして添えられる。また、レストランのシェフの中には個性の強い食材を売り物にしようと、伝統野菜に注目する人もいる。ブームとも言えるが、伝統野菜を守るには、食べたいという消費者を増やすことが大切でしょう。ブームが去って、種苗会社も栽培農家も関心を持たなくなったら伝統野菜は忘れられる。消費者の皆さんにも、もっと知ってもらうことが大切です」と語った。

◆作り手と消費者結ぶ体験型交流

おいしいものを安く手に入れて、たくさん食べたい――。

買い物をする側にとっては当然の考え方です。ですが、食材を供給する立場から考えれば、野菜を育てたり漁船を動かして魚介類や海藻をとったりするには、費やした労力とお金に見合う分と暮らしを支えるだけの価格でなければ困るということになります。

お金と暇があれば、自家菜園で野菜づくりを楽しんで、たまに魚釣りを、ということが一番いいでしょう。でも、世の中はそんなに甘くない。むしろ、今の日本国内の暮らしぶりで問題になっているのは、朝食をとらない、というよりむしろ「とれない」若者が多いことや、台所にまな板や包丁がない家庭があるという点ではないでしょうか。

都市部に住んでいると、コンビニエンスストアや食品スーパーに行けば、総菜や冷凍食品が並んでいて、それを買って電子レンジで温めると食事の用意ができます。逆に体力が衰えたお年寄りは、買い物に出かけるにしても、近くのスーパーが閉店して不便になるという「買い物弱者」にされがちです。

和食と言えば日本茶がつきものですが、最近はペットボトル入りのお茶や粉茶、ティーパック入り茶が普及して急須がない家庭も増えたという。おいしいお茶の入れ方の知恵を身につける機会も少なくなっています。

暮らしの知恵を手っ取り早く身につける方法としては、趣味の教室に通ったり、インターネットで情報を調べて見よう見まねで訓練したりする方法もあります。暮らしの知恵を伝授してくれる人々が住む「ふるさと（田舎）」がある人たちは、里帰りして習うこともできるでしょう。おいしい食材を上手に料理して楽しむ知恵が、身につけられないことも「和食文化の危機」です。

「ふるさと」がない人たちは、どうすればよいのか。一番よいのは、食材を供給している農村や漁村への体験旅行ではないでしょうか。近年は、中学や高校の修学旅行で、長崎市や広島市の原爆被爆地を訪ねる平和学習や、熊本県水俣市で「公害の原点」とも言える水俣病やごみの分別リサクルを学ぶ環境学習と農漁業体験を組み合わせたツアーが盛んになっています。二〇一一年三月の東日本大震災の後は、被災地を訪れてボランティア活動をするケースもあります。

さまざまなことを自分で体験して考え、苦悩することは、長い人生で、とても大切なことです。農作業体験を希望する人たちが農家に宿泊する旅の受け入れを、地域ぐるみでルールを決めて始めたのは、一九九六年に発足した大分県宇佐市安心院町の「安心院町グリーンツーリズム研究会」が、全国で最初のケースのようです。

不特定多数の人々に食事を提供し、宿泊してもらうには、安心や安全を確保するねらいから食品衛生法や旅館業法などで決めたルールがあります。たとえば、食品衛生法では、食中毒を出さないために「客専用の台所が必要」などと決まっていて、客室の広さも一定以上が必要です。この基準をみたし、宿泊施設として認められたのが民宿です。

しかし、専用の台所やトイレを整備するには、かなりの投資が必要です。「ブドウなど農産物の価格はなかなか上がらず、農家の所得は向上しないまま。このままでは後継者もいなくなる」というのが、安心院町の農家の悩みでした。そこで安心院町グリーンツーリズム研究会は、「会員制ならば……」と独自のルールを決めて、体験ツアーの受け入れを一九九六年に始めた。もてなしの技を磨くために料理などの研修会を重ね、先進地のノウハウを学ぶためにドイツの

みそづくり体験

農家民泊を視察しようと、毎年研修旅行にも出かけています。

その一方で、大分県に「食品衛生法や旅館業法の規制緩和を」と働きかけた。これを受けて二〇〇二年三月に大分県は「宿泊客が調理体験する場合は、客専用の台所は必ずしも要らない」などとする文書をまとめました。全国で初めての、農家民泊営業への道を開く規制緩和でした。その後、規制緩和は全国に広がり、「安心院はグリーンツーリズム発祥の地」とも言われるようになりました。

安心院の農家民泊は、「十回泊まったら遠い親類扱い」など独特

の仕組みがある。民泊を受け入れるある農家では、竹細工の体験メニューで、料理の時に使う菜箸《さいばし》を修学旅行の生徒に作ってもらい、「お母さんへの土産に」と持ち帰らせたところ、母親から感謝の便りが届いたそうです。

同じように、民泊を副業にする農家や漁家が全国に広がっています。修学旅行で農家に宿泊した後、わが家以上に家族の一員のようなもてなしを受けた子どもたちが感激し、出発する時に感激の涙を流すという話をしばしば聞きます。地域によっては、年間に受け入れる修学旅行生が一万人を超えたところもあると言います。

農家民泊に限らず、産地によっては、ワインや焼酎の工場見学をしながら試飲もできる施設が各地にあります。そんな行楽施設を訪ねるのもいいでしょう。味わい深い「玉露茶」で知られる福岡県八女市星野村には「茶の文化館」というのがある。おいしいお茶の入れ方や石臼での抹茶づくりを有料で体験できる施設です。日光を遮る覆いをして育てた軟らかい茶葉を手で摘んで加工した玉露茶。私も、玉露茶を温《ぬる》い湯で数回、煎じて味わう体験をしましたが、甘い香りがしておいしかった。煎じた後の茶葉に、酢じょうゆを入れて食べる方法も新鮮でした。茶葉を食べることで、水溶性でない、健康によいとされる栄養素も摂取できるそうです。

体験交流は消費者と生産者をつなぐ上で大切なことです。一回限りでは理解が難しいでしょう。受け入れる側も、受け入れのスキル（腕前）を磨いて農山漁村が置かれている状況を上手に伝える語り部になってほしいと思う。

消費者と生産者が交流を深めて、互いを理解して支え合う仕組みとして「オーナー制度」があり、さまざまな分野で導入されてきました。たとえば棚田のオーナー制度。一定の金額を農家に支払えば、収穫したコメの一部を受け取ることができ、田植えや稲刈りなどの体験もできる仕組み。お土産代わりに野菜や山菜もつく。機械での農作業がしにくい山間部に階段状に広がる棚田でのコメづくりで、美しい景観を維持しながらおいしいコメをいただきたい、という都市部の消費者が、農業の応援団として各地の棚田のオーナーになっています。ほかにミカンやブドウなどの観光農園で、一株まるごと収穫できるオーナー制度を導入しているところもあります。しかし、すべてがうまくいっているとは限らないようです。

オーナー制度は、イギリスの古城などの景観を守るために始まった「ナショナルトラスト運動」にも似ています。ナショナルトラストは、重要で美しい景観を保つために善意の資金を集めて、土地や建物を買い取る仕組みで、日本では、鎌倉市の景観を守るために始まったとされます。土地を買い取らないで美しい放牧地を守るために、畜産農家を支援しよう、と進められた牛のオーナー制度もあります。大分県由布市湯布院町で一九七三年に始まった「牛一頭牧場主運動」（略して牛一頭牧場運動）。田舎の風情と美しい景観で知られる温泉保養地で、当時、

修学旅行で養蜂家の研修も（出水市）

町のシンボル的な存在の由布岳のふもとの牧草地をゴルフ場にする開発計画が進められようとしていました。静かな温泉保養地として、まちづくりを目指していた旅館の主《あるじ》たちが、畜産農家が放牧地を売らないで生活ができるようにと、牛のオーナーになるように顧客らに呼びかけたのが始まり。二十万円を五年間貸してもらい、利子代わりに米や野菜をプレゼントするという内容でした。五年間で雌の子牛を飼育している農家が、親牛まで育てて子牛を産ませ、それを出荷すれば資金繰りが楽になるという計算です。牛一頭牧場主運動はすでに終わっていますが、おいしい牛肉を牧場でバーベキューで楽しむ企画を、オーナーに感謝するイベントとして始めたところ大評判になりました。「牛喰《く》い絶叫大会」で、おいしい牛肉を食べた後、大声を競うイベント。二〇一四年で四十回を数えることになりました。湯布院町は、辻馬車で盆地の観光スポットを巡ることができ、毎年一回、音楽祭や映画祭が開かれています。地場産の野菜などを宿泊客に提供する旅館も増えていますが、農家の高齢化などの事情もあって課題もあるようです。

◆自分で食べるものは自分でつくってみる

食材が育てられる環境が今どんな状況にあるのか。そのことを理解してもらおうと、さまざまなデータをもとに論じてきましたが、いちばん理解しやすいのは、自分の手で育てたり海や山、里山に出かけて採取したりすることでしょう。実家が農家や漁師という方は理解が早いことでしょう。しかし、今の日本国内では、農業や漁業者の後継者不足は深刻な状況です。大都市圏に人口が集中。一方で人口の過疎化が進んでいます。

自分で米や野菜づくりをすることで、いかに手間がかかることかわかることでしょう。ひとつの方法として、棚田や果樹園のオーナー制度を利用して農業体験するやり方があります。狭い農地を区切って一定の期間、貸し出す市民農園を利用するのもよいかもしれません。市民農園は、ドイツ各地にあるクラインガルデンと呼ばれる都市部住民を対象にした農園を参考に日本各地に広まったものです。「小さな庭」という意味のクラインガルデンは、約二百年の歴史があるとされます。クラインガルデンは一つの区画が平均で約三〇〇平方メートル。小さな小屋も置かれています。団体で管理し、利用を希望する場合、その会員になることが必要とされます。日本国内でよく見られる自治体が運営する市民農園は、一年間で契約更新となるケースが多く、果樹などを植えて育てるのは難しいですが、二〇〇二年にドイツのクラインガルデンを視察した時は、クワの実のような黒いイチゴが育っていました。

クラインガルデンに似た「家庭菜園」のようなものとして、ロシアには「ダーチャ」があります。ロシア語で「Дача（ダーチャ）」というのは、「Дать（ダーチ）［与える］」に由来する言い方で「与えられたもの」という意味です。宿泊できる「別荘」があるのが特徴。古くは十八世紀初めのピョートル一世の頃、国家に功績があった側近たちに皇帝が土地を与えたのが始まりとされます。一九一七年のロシア革命の後、土地は国家の所有となりましたが、スターリン政権の時代に、農業政策として始まった集団農場（コルホーズ）では、自営の農民が農場の労働者となり、その代償として自分で野菜などをつくる自留地が認められました。それが、ダーチャとして発展。ひとつの区画は典型的なもので約六〇〇平方メートルとされます。敷地の中には、「別荘」も。広い国土ですから土地を無償でもらえたと言っても、ガスや水、電気もなく、やせた土地もあったことでしょう。このため、各地にダーチャを管理する組合が生まれ、ため池などインフラ整備を進めるような仕組みになった。主に大都市から少し離れた場所にダーチャがまとまった地域があり、週末や夏休みを利用して家族や友人といっしょにジャガイモやイチゴなどの野菜や果物を育てるのが、生活のサイクルになっているとのこと。ソビエト連邦（ソ連）の社会主義国の体制は、当時のゴルバチョフ大統領が進めたペレストロイカ（再生の改革）や情報公開を進めるグラスノスチなどによる改革が失敗。一九九一年末にソビエトが崩壊した。その結果、生活物資の流通が混乱し、物資不足が伝えられましたが、餓死者が出ることなどはなかったようです。なぜか。暮らしを支えたのは、ダーチャでとれる野菜や果物だったのです。ロシアの住民との国際交流を続けている神奈川県日本ユーラシア協会によれば、一九九七年のロシアの統計では、ロシアでは二二〇〇万の世帯がダーチャを利用し、その土地の総面積は一八二万ヘクタールにのぼるということです。

インターネットの情報では、近年、モスクワなどの大都市近郊のダーチャは土地取引が自由化され、価格が高くなっていて、「別荘」としてではなく住宅として利用されているケースもあるようです。しかし、食べるものを自分で育てることの楽しみや大切さは、受け継がれていることでしょう。

ひるがえって、日本国内ではいかがでしょう。市民農園は、野菜を自分の手で育てることができる場所として人気が高いですが、週末や夏休みに宿泊できる住宅を備えたものは少ないようです。農園付きの別荘を利用できるのは、資金的に恵まれた方や、自治体などが運営するその種の施設を運よく借りることができた方です。神奈川県日本ユーラシア協会では、日本国内でダーチャのような施設を普及させようと賛同者を募っていますが、実現できたのはまだ数が少ないようです。

一方では、人口の過疎化や少子・高齢化の影響で全国的に空き家が増えています。総務省が二〇一三年一〇月に行った住宅土地統計調査の速報によると、空き家の数は全国で約八二〇万戸。別荘を含めた空き家の割合は一三・五パーセントに上るということです。中には空き家の古民家を改修し、うまく再生させて田舎暮らしを楽しんでいる人々もいます。崩壊の危険性が高く、景観上も好ましくない空き家もあります。解体や撤去がしやすいように自治体が対策をとるための法律が、二〇一四年十一月に整備されました。空き家も、保存状況によっては地域の資源として生かせる道もあります。農園付きの空き家ならば、ダーチャのような利用の道も開けるかもしれません。

◆活かされない生物多様性戦略

さまざまな生き物がすみ、人の暮らしと共存できる環境を目指すという考え方は、国際的な流れでもある。熱帯雨林の開発による減少や、さまざまな生き物の種が絶滅の危機に陥っていること、地球温暖化による異常気象と農林、漁業への影響などが背景にある。生物多様性条約に、それらのことが明記されている。日本は一九九三年にこの条約に加盟し、一九九五年に生物多様性国家戦略を作成したが、諫早湾干拓事業など巨大な国家プロジェクトには反映されない面が目立ちます。

農林水産省は、二〇〇七年三月に「生物多様性」に配慮した農林・漁業政策を目指す基本的な考え方をまとめました。「農林水産業・農山村における生物多様性保全について」と出した冊子だ。第一次安倍晋三内閣の時に出されました。

この中で三つの危機を挙げています。

（1）開発や乱獲など人間の活動に伴う負のインパクトによる生物や生態系への影響

（2）里山の荒廃や中山間地域の環境変化など人間活動の縮小や生活スタイルの変化にともなう影響

（3）アライグマなど外来種による影響

「美しい森林づくり推進国民運動」として（1）今後六年間で三三〇万ヘクタールの間伐（2）百年先を見据えて広葉樹林化し、多様な森林づくりを目指すなどを挙げている。実際にスギやヒノキの間伐作業が、目に見えて増えた実感はありません。机上の空論に終わらせてほしくないものです。

和食の食材の多くが、自然の恵みによってもたらされ、食文化として受け継がれていることを述べてきましたが、和食の文化を守ることは、さまざまな生き物がつながり合う「生物多様性」の生態系を大切にすることが基本になるのではないでしょうか。

和食の代表的な食材を供給する環境が、危機的な状況にあることも紹介しました。日本の戦後の経済成長は、電気製品や自動車などの工業製品を革新的な技術で生産して海外に輸出する戦略で成果をあげてきました。その一方で石油などのエネルギーや鉄鉱石などの資源、小麦や大豆、トウモロコシなどの食料を大量に輸入することで「豊かさ」を享受してきたとも言えます。

しかし、真の豊かさなのかは、見方によっては異なって疑問も残ります。

国民が働いて生まれる所得をもとに計算する経済指標では、日本はアメリカと中国に次いで世界三位の「経済大国」とされています。自分たちが食べるものを自国でどれだけ供給しているか、という視点で考えると話は別です。食料自給率について、農林水産省がホームページで世界の主な国と比較したデータを公表しています。カロリー（熱量）換算で比べた自給率を一

1988	1991	1994	1997	2000	2003	2006	2009	2011	2012	2013
118	124	132	131	125	128	120	130	127	−	−
140	178	167	157	161	145	185	223	258	−	−
83	92	88	95	96	84	77	93	92	−	−
101	94	86	97	96	89	81	80	96	−	−
145	145	131	138	132	122	121	121	129	−	−
75	81	78	76	73	62	61	59	61	−	−
72	73	70	71	70	58	78	65	66	−	−
88	83	75	85	89	84	79	79	71	−	−
70	77	74	76	74	70	69	65	72	−	−
−	−	−	54	59	53	53	56	57	−	−
235	209	217	261	280	237	172	187	205	−	−
−	−	−	54	51	46	45	50	41	41	−
50	46	46	41	40	40	39	40	39	39	39
−	−	54	53	50	50	53	47	48	48	−
47	41	38	37	35	34	32	32	34	33	−

注１：日本は年度。それ以外は暦年。ノルウェーについて2012年は暫定値
注２：食料自給率（カロリーベース）は総供給熱量に占める国産供給熱量の割合である。畜産物，加工食品については輸入飼料，輸入原料を考慮している
注３：ドイツについては統合前の東西ドイツを合わせた形で遡及している
注４：日本及び上記諸外国以外はデータが不足しているため試算していない
注５：FAO"Food Balance Sheets" 及び上記諸外国のデータは過去に遡って修正されることがある

九六一年から二〇一一年まで、主な十五の国と地域別にまとめて図表にしたものです。

日本の場合、二〇一三年まで数字が公表され、自給率は三九パーセントとされています。一九六一年には七八パーセントだったのが、減少し続けてきました。ほかの国の食料自給率を二〇一一年について見ると、アメリカは一二七パーセント、カナダが二五八パーセント、フランスが一二九パーセント、オーストラリア二〇五パーセントで、食料が過剰気味な国が目立ちます。ロシアや中国のデータは、公表されていませんが、ドイツの場合は九二パーセント、イギリス

(単位：%)	1961年	1964	1967	1970	1973	1976	1979	1982	1985
アメリカ	119	120	126	112	125	137	150	156	142
カナダ	102	143	134	109	136	157	149	186	176
ドイツ	67	74	74	68	72	69	77	82	85
スペイン	93	83	98	93	93	101	89	100	95
フランス	99	106	103	104	118	110	125	136	135
イタリア	90	83	89	79	73	78	75	79	77
オランダ	67	71	69	65	72	72	71	84	73
スウェーデン	90	93	96	81	93	104	91	105	98
イギリス	42	46	46	46	52	48	59	71	72
スイス	−	−	−	−	−	−	−	−	−
オーストラリア	204	240	203	206	240	235	251	199	242
韓国	−	−	−	80	−	−	−	−	−
日本	78	72	66	60	55	53	54	53	53
ノルウェー	−	−	−	48	−	−	49	−	−
台湾	−	−	−	−	−	−	−	−	56

諸外国・地域の食料自給率（カロリーベース）の推移（試算等）

資料：農林水産省「食料需給表」，FAO "Food Balance Sheets" 等を基に農林水産省で試算した（酒類等は含まない）。スイスはスイス農業庁「農業年次報告書」，韓国は韓国農村経済研究院「食品需給表」，ノルウェーはノルウェー農業経済研究所公表資料，台湾は台湾行政院「糧食供需年報」による。ノルウェーは輸入飼料と輸出を，台湾は輸入飼料を考慮していないため，単純に比較できないが，参考として記載

は七二パーセントとなっています。国土の広さも影響しているともいえますが、問題は、国の食料政策の影響が考えられます。

日本の場合、一九六一年に七八パーセントだった自給率が、五十年後には半分に減ってしまいました。逆にカナダは一〇二パーセントが二五八パーセントに、ドイツは六七パーセントから九二パーセント、フランスは九九パーセントから一二九パーセントにそれぞれ増えています。近年は、大規模な自然災害が頻発しています。いざという時に備えて食料を自前で供給できる体制をつくることは、軍事費を膨らませるせることよりも

大切ではないでしょうか。

そのために忘れていけないのは、日常の食卓を豊かにするために自然の環境を大切にすることです。自然の恵みは、食べ物だけに限られません。近年の技術革新で生物資源をエネルギー源にするバイオマス技術が普及。手入れの行き届かなかった森林の木材を活用した発電設備も稼働しています。自動車の分野では、地球の温暖化防止策や大気汚染緩和策として水素を燃料にしたエンジンの実用化も、わずかながら普及しつつあります。環境に配慮した自動車エンジンの開発では、ドイツで菜種油を活用したディーゼル車の普及に国を挙げて取り組んでいると聞きます。ガソリンエンジンの排気と比べると、環境への負荷が少ないためです。かつて日本には、菜種油を搾るための菜の花畑が各地に広がっていましたが、いまでは景観を美しく見せるための栽培が主流。菜種油の自給率向上を目指す「菜の花プロジェクト」も広がっていますが、まだ散発的です。エネルギー源確保のための菜の花畑は、フランスでも広範囲な地域で見られます。

地域の資源を守って、持続的に豊かに暮らせるようにする知恵を大切にしたいものです。

アサリの漁獲推移

（単位：トン）

年	漁獲量	年	漁獲量	年	漁獲量
1956年	86, 655	1975年	122, 052	1994年	46, 597
1957年	86, 932	1976年	135, 573	1995年	49, 466
1958年	85, 145	1977年	155, 506	1996年	43, 703
1959年	84, 261	1978年	153, 767	1997年	39, 660
1960年	102, 491	1979年	132, 641	1998年	36, 807
1961年	108, 032	1980年	127, 386	1999年	43, 088
1962年	114, 777	1981年	137, 114	2000年	35, 558
1963年	137, 470	1982年	139, 380	2001年	31, 022
1964年	110, 331	1983年	160, 424	2002年	34, 819
1965年	121, 249	1984年	128, 279	2003年	37, 688
1966年	157, 511	1985年	133, 232	2004年	36, 589
1967年	121, 618	1986年	120, 682	2005年	34, 261
1968年	120, 401	1987年	99, 517	2006年	34, 984
1969年	116, 572	1988年	88, 151	2007年	35, 822
1970年	141, 997	1989年	80, 732	2008年	39, 217
1971年	126, 414	1990年	71, 199	2009年	31, 655
1972年	115, 613	1991年	65, 353	2010年	27, 185
1973年	114, 459	1992年	59, 038	2011年	28, 793
1974年	137, 719	1993年	57, 356	2012年	27, 300

注：農林水産省の統計より抜粋

有明海の魚介類（アサリ）水揚げ

（単位：トン）

年	全体	福岡	佐賀	長崎	熊本
1989年	8,974	725	824	529	6,896
1990年	5,189	851	396	915	3,027
1991年	4,088	1,163	335	552	2,038
1992年	7,259	1,379	359	976	4,545
1993年	9,110	1,350	398	1,313	6,049
1994年	7,514	3,079	597	959	2,879
1995年	11,105	6,095	3,275	1,323	412
1996年	4,810	2,995	429	987	399
1997年	2,800	1,463	96	801	441
1998年	3,563	1,939	64	627	933
1999年	6,360	3,506	112	486	2,257
2000年	2,913	714	42	725	1,432
2001年	2,412	285	19	424	1,683
2002年	3,455	328	109	433	2,584
2003年	9,098	1,735	158	635	6,570
2004年	4,820	495	104	528	3,693
2005年	6,929	748	62	457	5,662
2006年	9,655	5,839	57	391	3,368
2007年	8,972	4,618	58	289	4,006
2008年	8,081	3,865	37	345	3,834
2009年	1,877	862	27	729	259
2010年	1,671	849	16	662	145
2011年	2,451	474	21	460	1,496
2012年	1,556	199	6	292	1,059

注：九州農政局調べ

シジミの漁獲量の推移

(単位：トン)

年	漁獲量	年	漁獲量	年	漁獲量
1956年	13,553	1975年	47,035	1994年	23,988
1957年	21,809	1976年	47,330	1995年	26,938
1958年	23,900	1977年	48,296	1996年	26,714
1959年	24,821	1978年	51,199	1997年	21,822
1960年	23,178	1979年	49,159	1998年	19,932
1961年	26,775	1980年	41,491	1999年	20,009
1962年	28,777	1981年	38,870	2000年	19,295
1963年	30,173	1982年	37,685	2001年	17,295
1964年	33,526	1983年	35,612	2002年	17,779
1965年	54,689	1984年	31,599	2003年	16,940
1966年	48,823	1985年	30,839	2004年	16,234
1967年	40,477	1986年	29,080	2005年	13,455
1968年	42,681	1987年	27,259	2006年	13,412
1969年	48,992	1988年	26,525	2007年	10,942
1970年	56,144	1989年	28,411	2008年	9,831
1971年	33,981	1990年	37,017	2009年	10,432
1972年	44,278	1991年	34,032	2010年	11,189
1973年	42,934	1992年	29,820	2011年	9,241
1974年	43,153	1993年	27,134	2012年	7,839

注：農林水産省の統計より抜粋

日本水産資源保護協会発行資料『やまとしじみ』（中村幹夫著）から抜粋

（単位：トン）

小川原湖	八郎潟	涸沼	霞ケ浦	北浦	琵琶湖	宍道湖	木曽三川沿海	全国総計
164	660	1,561	47	1,873	2,511	9,716	4,960	59,649
113	1520	1,432	1,947	1,110	2,022	6,736	5,930	46,407
94	613	1,361	127	1,914	1,927	4,631	4,288	53,280
120	548	1,365	145	3,372	1,725	4,191	4,917	61,061
155	523	1,633	272	2,460	1,785	4,178	3,606	37,587
572	673	2,200	88	1,730	1,328	19,234	3,921	46,855
420	567	2,719	78	1,155	992	15,597	5,238	52,273
825	445	2,710	99	947	1,097	11,717	4,428	52,724
1,332	386	2,700	199	1,597	1,096	12,748	5,818	57,017
1,598	295	2,650	36	713	884	14,202	6,339	55,498
3,260	208	2,670	8	287	507	14,858	6,949	45,819
3,420	81	3,670	0	315	416	15,237	4,781	40,393
2,800	108	2,390	0	106	313	12,320	6,490	37,329
2,920	52	2,023	0	19	246	11,350	5,439	32,698
3,510	1,755	2,493	0	4	190	9,500	4,919	33,330
3,615	10,750	2,376	0	0	211	9,100	4,343	41,360
3,543	8,260	1,778	0	0	217	8,900	3,225	37,257
3,650	1,490	1,778	0	0	234	8,730	2,754	29,888
2,349	58	1,183	0	0	113	8,400	2,598	29,536
2,098	7	1,068	0	0	120	3,800	3,545	25,367
2,505	4	820	0	0	104	7,300	2,874	22,883
2,704	2	540	0	0	144	7,430	2,810	20,105
2,254	1	853	0	0	233	7,000	1,565	18,505
1,534	1	412	0	0	161	6,100	1,696	15,151
1,489	1	71	0	0	52	4,800	1,763	12,705
1,375	1	695	0	0	66	3,700	1,541	11,372
1,290	1	987	0	0	65	3,402	1,170	12,303

シジミの水揚げ

年	河川合計	那珂川	利根川	筑後川	木曽三川	湖沼合計	網走湖	十三湖
1965年	33,585	1,872	31,140	15	65	19,814	—	3,050
1967年	21,623	1,589	19,209	2	133	18,280	380	2,821
1969年	35,742	1,681	32,263	239	200	13,250	273	2,047
1970年	41,178	1,518	37,955	337	167	14,967	403	2,969
1971年	19,520	1,815	16,444	49	173	14,461	373	2,915
1973年	14,793	2,680	11,034	62	209	28,140	390	1,842
1975年	23,755	3,434	18,151	75	278	23,280	397	1,269
1977年	29,114	3,620	23,471	254	291	19,182	407	702
1978年	29,867	3,609	24,134	336	419	21,331	429	573
1979年	27,238	3,559	20,856	829	473	21,921	444	833
1981年	15,240	2,116	10,240	669	707	23,630	489	1,082
1983年	11,550	2,164	5,638	754	658	24,062	528	1,119
1985年	10,626	2,012	5,064	812	794	20,213	518	1,371
1987年	8,452	1,501	4,168	864	673	18,807	527	1,133
1989年	7,947	1,662	3,361	834	837	20,464	605	1,719
1990年	7,721	1,614	3,142	647	805	29,296	671	1,747
1991年	7,894	2,156	2,827	640	802	26,138	791	1,864
1993年	7,468	2,182	3,349	416	639	19,666	792	1,949
1995年	10,660	2,067	6,588	453	462	16,278	782	2,363
1997年	6,421	2,102	2,049	516	424	15,401	800	2,161
1999年	5,103	1,300	1,925	424	343	14,905	755	2,540
2001年	2,944	1,145	159	237	234	14,351	787	2,323
2003年	3,048	1,718	29	236	233	13,892	816	2,341
2005年	2,439	861	15	207	557	11,016	803	1,642
2007年	1,669	264	8	159	395	9,273	806	1,741
2008年	2,033	695	8	151	372	7,798	666	1,490
2009年	2,182	987	3	159	407	8,251	725	1,496

ハマグリの漁獲量の推移

（単位：トン）

年	漁獲量	年	漁獲量	年	漁獲量
1956年	17,797	1975年	4,084	1994年	2,330
1957年	25,361	1976年	4,079	1995年	2,060
1958年	14,104	1977年	4,980	1996年	1,944
1959年	13,114	1978年	5,009	1997年	1,897
1960年	15,847	1979年	4,016	1998年	1,870
1961年	12,875	1980年	1,910	1999年	1,785
1962年	11,437	1981年	1,903	2000年	1,543
1963年	31,330	1982年	2,196	2001年	1,245
1964年	16,332	1983年	1,369	2002年	1,300
1965年	13,742	1984年	1,455	2003年	1,171
1966年	9,974	1985年	2,182	2004年	977
1967年	6,196	1986年	2,223	2005年	971
1968年	6,743	1987年	3,678	2006年	867
1969年	7,081	1988年	3,357	2007年	—
1970年	4,955	1989年	2,545	2008年	—
1971年	4,539	1990年	2,251	2009年	—
1972年	3,247	1991年	2,215	2010年	—
1973年	5,142	1992年	2,581	2011年	—
1974年	10,233	1993年	2,964	2012年	—

注１：農林水産省の統計より抜粋
注２：2007年以降は数字が挙げられていない

カツオ節の主要産地の生産量

（単位：トン）

年	枕崎	焼津	山川	合計	年	枕崎	焼津	山川	合計
1975年	7,811	5,992	4,908	18,711	1994年	12,741	11,781	10,245	34,767
1976年	7,720	7,465	4,416	19,601	1995年	12,891	11,386	9,711	33,988
1977年	6,651	6,819	4,170	17,640	1996年	12,521	10,994	9,658	33,173
1978年	7,078	7,179	4,949	19,206	1997年	12,685	11,082	10,177	33,944
1979年	6,512	7,543	3,958	18,013	1998年	13,320	10,988	10,546	34,854
1980年	6,593	8,147	3,859	18,599	1999年	13,468	12,784	9,895	36,147
1981年	5,458	7,565	3,650	16,673	2000年	15,876	12,529	10,033	38,438
1982年	7,049	9,149	4,220	20,418	2001年	13,019	11,182	9,436	33,637
1983年	7,663	9,787	4,656	22,106	2002年	14,443	10,696	9,676	34,815
1984年	6,880	10,163	4,592	21,635	2003年	13,779	10,488	10,508	34,775
1985年	7,241	9,350	5,098	21,689	2004年	15,612	9,903	11,560	37,075
1986年	8,492	10,803	6,918	26,213	2005年	15,930	9,931	12,108	37,969
1987年	8,144	10,721	6,414	25,279	2006年	15,856	9,042	11,172	36,070
1988年	9,345	11,531	7,466	28,342	2007年	13,992	8,631	9,971	32,594
1989年	7,902	11,289	7,358	26,549	2008年	12,494	8,971	11,508	32,973
1990年	9,731	12,528	8,593	30,852	2009年	13,059	8,610	12,206	33,875
1991年	10,421	12,524	10,149	33,094	2010年	13,260	7,340	10,174	30,774
1992年	11,113	11,007	9,706	31,826	2011年	12,074	6,779	10,563	29,416
1993年	10,190	10,872	8,826	29,888	2012年	13,167	7,213	11,065	31,445

注：枕崎水産加工業協同組合調べ

シイタケ原木伏込量と菌床の推移

	乾しいたけ		生シイタケ		乾・生シイタケ		菌床数
	本数	材積	本数	材積	本数	材積	個数
年	千本	㎥	千本	㎥	千本	㎥	千個
1970年	90,069	804,943	102,387	768,950	192,456	1,573,893	
1975年	89,759	837,556	140,085	964,715	229,844	1,802,271	
1980年	105,766	970,588	155,085	1,076,817	260,851	2,047,405	
1982年	89,892	839,247	141,957	1,012,997	231,849	1,852,244	
1983年	102,037	948,970	140,275	987,348	242,312	1,936,318	
1984年	109,444	1,019,990	137,383	967,599	246,827	1,987,589	
1985年	106,969	976,298	140,928	998,151	247,897	1,974,449	
1986年	101,158	913,082	136,306	983,253	237,464	1,896,335	
1987年	90,409	831,264	137,405	992,071	227,814	1,823,335	
1988年	82,715	766,423	131,187	968,103	213,902	1,734,526	
1989年	75,211	699,805	121,755	916,188	196,966	1,615,993	
1990年	73,135	688,506	114,056	874,983	187,191	1,563,489	
1991年	67,504	628,253	103,547	794,459	171,051	1,422,712	
1992年	64,754	604,692	97,995	768,812	162,749	1,373,504	
1993年	60,687	561,242	89,058	701,250	149,745	1,262,492	47,695
1994年	54,568	524,973	81,332	660,863	135,900	1,185,836	58,666
1995年	46,835	455,380	72,519	599,304	119,353	1,054,684	62,280
1996年	42,390	415,935	65,537	550,800	107,927	966,735	68,442
1997年	41,863	429,877	61,272	525,817	103,135	955,694	72,712
1998年	43,227	469,428	58,049	510,062	101,275	979,489	74,389
1999年	43,072	463,770	49,645	442,381	92,717	906,151	76,826
2000年	37,265	396,908	44,430	406,116	81,695	803,024	69,911

2001年	32,538	362,141	37,263	356,043	69,802	718,185	75,988
2002年	29,833	328,735	33,588	324,153	63,421	652,888	76,562
2003年	30,364	330,527	32,136	303,557	62,499	634,084	83,327
2004年	30,013	336,658	29,408	273,188	59,421	609,846	82,314
2005年	28,966	316,220	25,175	248,282	54,141	564,502	92,096
2006年	27,789	301,284	24,430	233,897	52,219	535,181	97,415
2007年	26,729	314,682	22,605	226,902	49,334	541,584	100,009
2008年	28,040	339,549	20,901	208,367	48,941	547,916	97,559
2009年	28,733	335,343	20,056	207,210	48,789	542,553	118,817
2010年	27,626	334,179	17,474	198,077	45,100	532,256	111,150
2011年	27,500	336,627	16,071	183,811	43,571	520,438	118,728
2012年	22,802	279,374	12,396	157,574	35,198	437,008	156,685

参考：2012年原木の樹種比率（材積）なら36%，くぬぎ61%，その他３%

注１：2012年度農林水産省特用林産基礎資料より抜粋
注２：合計が一致しないのは四捨五入による

シイタケの生産と需要動向

（単位：トン）

	干しシイタケ				生シイタケ			
	生産量	輸入量	輸出量	消費量	生産量	輸入量	輸出量	消費量
1965年	5,371	−	1,201	4170	20,761	−	−	20,761
1975年	11,356	93	2,696	8,753	58,560	−	−	58,560
1985年	12,065	140	3,330	8,875	74,706	−	−	74,706
2010年	3,516	6,127	40	9,603	77,079	5,616	−	82,695
2011年	3,696	6,038	39	9,695	71,254	5,321	−	76,575
2012年	3,705	5,940	23	9,622	66,476	5,015	−	71,491

注：2012年度農林水産省特用林産基礎資料より抜粋

ウナギの漁獲量の推移

（単位：トン）

年	漁獲量	養殖量	年	漁獲量	養殖量	年	漁獲量	養殖量
1956年	2,438	4,902	1975年	2,202	20,749	1994年	949	29,431
1957年	2,743	5,688	1976年	2,040	26,251	1995年	899	29,131
1958年	2,801	6,276	1977年	2,102	27,630	1996年	901	28,595
1959年	2,694	5,663	1978年	2,068	32,106	1997年	860	24,171
1960年	2,871	6,136	1979年	1,923	36,781	1998年	860	21,971
1961年	3,387	8,105	1980年	1,936	36,618	1999年	817	23,211
1962年	3,084	7,572	1981年	1,920	33,984	2000年	765	24,118
1963年	2,690	9,918	1982年	1,927	36,642	2001年	677	23,123
1964年	2,776	13,418	1983年	1,818	34,489	2002年	610	21,112
1965年	2,803	16,017	1984年	1,573	38,030	2003年	589	21,526
1966年	2,826	17,015	1985年	1,526	39,568	2004年	489	21,540
1967年	3,162	19,605	1986年	1,505	36,520	2005年	484	19,495
1968年	3,124	23,640	1987年	1,413	36,994	2006年	302	20,583
1969年	3,194	23,276	1988年	1,334	39,558	2007年	289	22,241
1970年	2,726	16,730	1989年	1,273	39,704	2008年	270	20,952
1971年	2,624	14,233	1990年	1,128	38,855	2009年	263	22,406
1972年	2,418	13,355	1991年	1,080	39,013	2010年	245	20,543
1973年	2,107	15,247	1992年	1,092	36,299	2011年	229	22,006
1974年	2,083	17,077	1993年	970	33,860	2012年	165	17,377

注：農林水産省の統計より抜粋

シラスウナギの漁獲量の推移

（単位：トン）

年	漁獲量	年	漁獲量	年	漁獲量
1956年	—	1975年	98	1994年	13
1957年	207	1976年	73	1995年	20
1958年	207	1977年	48	1996年	15
1959年	184	1978年	42	1997年	12
1960年	123	1979年	57	1998年	11
1961年	196	1980年	47	1999年	27
1962年	210	1981年	46	2000年	16
1963年	232	1982年	29	2001年	14
1964年	125	1983年	31	2002年	19
1965年	126	1984年	27	2003年	17
1966年	150	1985年	20	2004年	15
1967年	89	1986年	21	2005年	9
1968年	111	1987年	25	2006年	21
1969年	174	1988年	24	2007年	9
1970年	134	1989年	22	2008年	9
1971年	97	1990年	17	2009年	13
1972年	90	1991年	23	2010年	6
1973年	59	1992年	24	2011年	5
1974年	87	1993年	17	2012年	3

注：農林水産省の統計より抜粋

霞ヶ浦・北浦のウナギの漁獲量の推移

（単位：トン）

年	霞ヶ浦	北浦	合計	年	霞ヶ浦	北浦	合計	年	霞ヶ浦	北浦	合計
1956年	157	57	214	1975年	174	71	245	1994年	7	11	18
1957年	243	53	296	1976年	91	55	146	1995年	11	1	12
1958年	318	83	401	1977年	68	49	117	1996年	11	3	14
1959年	330	92	422	1978年	50	27	77	1997年	7	2	9
1960年	268	99	367	1979年	27	17	44	1998年	5	2	7
1961年	306	158	464	1980年	13	22	35	1999年	6	1	7
1962年	269	168	437	1981年	15	11	26	2000年	6	2	8
1963年	187	106	293	1982年	15	10	25	2001年	7	2	9
1964年	93	73	166	1983年	13	8	21	2002年	7	4	11
1965年	122	51	173	1984年	12	5	17	2003年	7	3	10
1966年	100	80	180	1985年	10	2	12	2004年	9	3	12
1967年	164	111	275	1986年	6	2	8	2005年	13	2	15
1968年	140	121	261	1987年	3	1	4	2006年	9	2	11
1969年	116	121	237	1988年	4	1	5	2007年	7	2	9
1970年	53	97	150	1989年	6	2	8	2008年	10	1	11
1971年	64	149	213	1990年	6	2	8	2009年	5	2	7
1972年	91	75	166	1991年	9	1	10	2010年	12	2	14
1973年	40	48	88	1992年	9	3	12	2011年	7	2	9
1974年	80	57	137	1993年	13	3	16	2012年	0	0	0

注：関東農政局水戸地域センター調べから抜粋

アユ漁獲・養殖水揚げ推移

（単位：トン）

年	漁獲	養殖	年	漁獲	養殖	年	漁獲	養殖
1956年	5,313	66	1975年	13,951	4,991	1994年	14,272	11,554
1957年	6,664	78	1976年	13,272	5,726	1995年	13,700	10,896
1958年	6,716	98	1977年	13,451	5,875	1996年	12,732	9,775
1959年	6,918	162	1978年	13,363	7,185	1997年	12,619	9,180
1960年	6,860	174	1979年	14,822	8,455	1998年	11,386	9,540
1961年	7,648	245	1980年	14,723	7,989	1999年	11,380	8,971
1962年	8,707	342	1981年	15,405	9,492	2000年	11,172	8,603
1963年	7,184	537	1982年	14,872	10,222	2001年	11,148	8,127
1964年	8,101	994	1983年	15,579	10,318	2002年	10,663	7,166
1965年	8,217	—	1984年	14,919	11,705	2003年	8,420	6,962
1966年	6,998	—	1985年	14,492	10,967	2004年	7,312	7,201
1967年	7,435	—	1986年	16,374	11,396	2005年	7,149	6,527
1968年	9,217	2,343	1987年	17,035	12,405	2006年	3,014	6,270
1969年	10,329	2,534	1988年	17,388	13,633	2007年	3,284	5,807
1970年	9,879	3,411	1989年	16,868	13,390	2008年	3,438	5,940
1971年	10,523	3,941	1990年	17,795	12,978	2009年	3,625	5,837
1972年	9,716	4,317	1991年	18,093	13,855	2010年	3,422	5,676
1973年	11,356	4,428	1992年	17,677	12,794	2011年	3,068	5,420
1974年	12,268	4,712	1993年	14,242	12,523	2012年	2,520	5,195

注：農林水産省の統計より抜粋

稚アユの採取量

（単位：トン）

年	内水面	海産	合計	年	内水面	海産	合計	年	内水面	海産	合計
1956年	—	—		1975年	298	45	343	1994年	629	21	650
1957年	235	10	245	1976年	797	74	871	1995年	637	15	652
1958年	239	13	252	1977年	482	54	536	1996年	449	18	467
1959年	259	19	278	1978年	486	36	522	1997年	444	11	455
1960年	219	34	253	1979年	628	75	703	1998年	459	9	468
1961年	237	42	279	1980年	604	38	642	1999年	402	10	412
1962年	252	50	302	1981年	561	67	628	2000年	298	21	319
1963年	464	33	497	1982年	594	76	670	2001年	283	18	301
1964年	332	37	369	1983年	834	44	878	2002年	248	36	284
1965年	295	41	336	1984年	620	45	665	2003年	212	9	221
1966年	141	24	165	1985年	576	19	595	2004年	252	11	263
1967年	156	50	206	1986年	668	25	693	2005年	131	26	157
1968年	414	101	515	1987年	843	20	863	2006年	140	12	152
1969年	620	42	662	1988年	781	22	803	2007年	152	8	160
1970年	462	61	523	1989年	805	15	820	2008年	178	8	186
1971年	475	93	568	1990年	735	17	752	2009年	118	7	125
1972年	385	26	411	1991年	658	28	686	2010年	84	8	92
1973年	429	36	465	1992年	720	27	747	2011年	60	6	66
1974年	575	56	631	1993年	762	34	796	2012年	88	4	92

注：農林水産省の統計より抜粋

コイ・フナ漁獲量の推移

（単位：トン）

年	コイ	フナ	年	コイ	フナ	年	コイ	フナ
1956年	2,442	9,519	1975年	6,699	9,890	1994年	4,968	4,402
1957年	2,154	9,158	1976年	6,960	10,113	1995年	4,896	4,286
1958年	2,151	8,726	1977年	6,760	10,316	1996年	4,771	4,205
1959年	2,142	7,858	1978年	7,376	10,751	1997年	4,607	4,008
1960年	2,205	7,870	1979年	7,856	10,948	1998年	4,477	3,881
1961年	2,297	8,392	1980年	8,479	10,066	1999年	4,259	3,493
1962年	2,373	8,605	1981年	8,108	9,138	2000年	4,079	3,423
1963年	2,691	8,592	1982年	8,208	8,441	2001年	3,558	2,948
1964年	2,791	8,896	1983年	7,545	8,005	2002年	3,359	2,706
1965年	3,100	9,488	1984年	7,594	8,034	2003年	2,883	2,534
1966年	3,302	8,975	1985年	7,830	7,987	2004年	1,843	2,258
1967年	3,621	9,549	1986年	7,732	8,016	2005年	1,484	2,021
1968年	4,007	9,664	1987年	7,507	7,432	2006年	579	1,079
1969年	4,085	9,470	1988年	6,913	6,870	2007年	528	1,006
1970年	4,043	10,443	1989年	6,616	6,250	2008年	468	917
1971年	4,613	10,410	1990年	6,302	5,853	2009年	434	847
1972年	4,496	10,402	1991年	6,182	5,514	2010年	401	778
1973年	5,244	10,208	1992年	6,178	5,321	2011年	357	700
1974年	5,698	9,347	1993年	5,338	4,921	2012年	334	644

注：農林水産省の統計より抜粋

タイラギの漁獲量の推移

（単位：トン）

年	有明海	福岡県	佐賀県	長崎県	熊本県
1989年	5,173	718	754	3,658	43
1990年	7,343	1,034	2,482	3,796	31
1991年	5,699	1,430	2,976	1,233	60
1992年	2,637	790	1,398	403	46
1993年	723	248	397	67	11
1994年	244	95	134	0	15
1995年	814	465	343	—	6
1996年	3,786	1,490	2,245	0	51
1997年	3,433	1,394	1,792	0	246
1998年	1,181	525	553	—	103
1999年	318	175	79	—	65
2000年	46	45	0	—	1
2001年	34	31	—	2	—
2002年	62	59	—	2	—
2003年	359	185	156	1	17
2004年	643	398	242	—	3
2005年	197	197	—	0	0
2006年	239	197	11	0	31
2007年	571	409	138	0	25
2008年	281	266	3	—	12
2009年	435	144	288	0	3
2010年	2,638	744	1,884	3	8
2011年	754	192	550	3	8
2012年	67	13	53	—	1

注：九州農政局の統計資料から抜粋

ドジョウの水揚げ量の推移

（単位：トン）

年	水揚げ量
1993年	245
1994年	223
1995年	220
1996年	189
1997年	171
1998年	155
1999年	134
2000年	129
2001年	115
2002年	84
2003年	69
2004年	68
2005年	59

注１：2006年以降は公表なし
注２：農林水産省の統計から抜粋

有明海でのウシノシタ水揚げ量の推移

（単位：トン）

年	全体	福岡	佐賀	長崎	熊本
1989年	897	160	241	273	223
1990年	750	82	206	223	239
1991年	703	73	207	223	200
1992年	696	77	204	147	268
1993年	550	61	180	114	195
1994年	443	51	163	79	150
1995年	454	50	155	126	123
1996年	496	46	162	127	161
1997年	460	37	153	126	143
1998年	434	43	152	102	137
1999年	449	38	148	139	125
2000年	313	22	73	127	91
2001年	259	22	69	84	84
2002年	276	17	71	116	71
2003年	271	15	66	93	97
2004年	235	14	70	79	71
2005年	204	13	75	50	66
2006年	190	12	61	64	54
2007年	—	—	—	—	—
2008年	—	—	—	—	—
2009年	—	—	—	—	—
2010年	121	20	34	42	26
2011年	128	19	27	45	37
2012年	126	19	14	54	39

注：九州農政局調べ

コノシロの漁獲量の推移

（単位：トン）

年	全国	有明海
1995年	23, 707	1, 965
1996年	18, 647	1, 677
1997年	14, 850	1, 488
1998年	20, 787	1, 420
1999年	17, 770	976
2000年	12, 335	1, 214
2001年	17, 210	1, 070
2002年	13, 402	981
2003年	10, 031	934
2004年	14, 331	855
2005年	11, 566	799
2006年	8, 510	763
2007年	11, 815	860
2008年	7, 448	886
2009年	6, 737	747
2010年	6, 585	783
2011年	6, 888	641
2012年	6, 260	650

注：農林水産省の統計
　から抜粋

■参考文献

この本をまとめるのにあたって、参考にした主な本や資料を紹介します。筆者が新聞社に在職中に、取材活動などでお世話になった方たちの情報も取り込ませていただきました。

山階鳥類研究所編『この鳥を守ろう――それが人の生命をまもる』霞会館、一九七五年
山階芳麿、中西悟堂監修『トキ――Nipponia nippon 黄昏に消えた飛翔の詩』教育社、一九八三年
公共事業チェック機構を実現する議員の会編『アメリカはなぜダム開発をやめたのか』築地書館、一九九六年
長田芳和、細谷和海編『日本の希少淡水魚の現状と系統保存――よみがえれ日本産淡水魚』緑書房、一九九七年
鷲谷いづみ、飯島博編『よみがえれアサザ咲く水辺――霞ヶ浦からの挑戦』文一総合出版、一九九九年
佐藤正典編『有明海の生きものたち――干潟・河口域の生物多様性』海游舎、二〇〇〇年
中村幹雄編著『日本のシジミ漁業――その現状と問題点』たたら書房、二〇〇〇年
滋賀県立琵琶湖博物館編『鯰――魚と文化の多様性』サンライズ出版、二〇〇三年

藤井絢子、菜の花プロジェクトネットワーク編著『菜の花エコ革命』創森社、二〇〇四年
高橋勇夫、東健作著『ここまでわかったアユの本——変化する川と鮎、天然鮎はどこにいる?』築地書館、二〇〇六年
菊地直樹、池田啓著『但馬のこうのとり』但馬文化協会、二〇〇六年
内野明徳編『肥後ハマグリの資源管理とブランド化』成文堂、二〇〇九年
高橋清孝編著『田園の魚をとりもどせ!』恒星社厚生閣、二〇〇九年
虫明敬一編『うなぎ——謎の生物』築地書館、二〇一二年
日本ベントス学会編『干潟の絶滅危惧動物図鑑——海岸ベントスのレッドデータブック』東海大学出版会、二〇一二年
東アジア鰻資源協議会日本支部編『うな丼の未来——ウナギの持続的利用は可能か』青土社、二〇一三年
石飛裕、神谷宏、山室真澄著『中海宍道湖の科学——水理・水質・生態系』ハーベスト出版、二〇一四年
『川辺川ダム建設事業Q&A』国土交通省川辺川工事事務所、二〇〇一年

あとがき

料理や環境問題の専門家でもない私が、和食の食材を生み出す環境のことを本にまとめよう、と思い立ったのは、新聞記者として長い間取材を続けて肌で感じたことを形にしたかったためでもあります。

青春時代から振り返ってみると、太平洋戦争後の世界は、アメリカやヨーロッパの西側諸国と旧ソビエト連邦を中心とする東欧諸国の東西冷戦の対立状況が長く続いた。人それぞれの生き方は異なりますが、その時代の流れに影響されるものです。私の学生時代は、いわゆる「七〇年安保」と大学改革で大揺れでした。「全学共闘」（全共闘）世代で、約一年間、大学の講義がなかった。現在の大学生の皆さんには想像もできない世界かもしれないが、「学園紛争」のなかで、「資本主義対社会主義」の構図で経済の仕組みの比較を考えることもよくありました。ソビエト連邦の体制は、一九九一年十二月にゴルバチョフ大統領の辞任をきっかけに崩壊しました。経済再建をめざすペレストロイカ（Перестройка＝ロシア語で再建の意味）政策やグラスノスチ（Гласность＝情報公開）を進めた政策の行き詰まりや、一九八六年に起きたチェルノブイリ原子力発電所の事故などの影響もあったと考えられます。しかし、いわゆる「資本主義」の国でも、競争原理を優先させるアメリカと福祉や環境に重点を置くEUとでは、価値観が異なる面も多くあります。

冷戦の構造に終止符が打たれたようにも見えますが、西側諸国も国家財政の危機など数多くの問題を抱えています。アメリカでも二〇〇一年九月十一日に、ハイジャックされた航空機がニューヨークの世界貿易センタービルに突入、ビルが崩壊するなどしたテロ事件が起きた。「アメリカ同時多発テロ事件」はその後、「イラクが大量破壊兵器を所有」という情報操作でイラク戦争につながり、世界の情勢は混迷の度を深めています。

日本国内では、戦後の経済復興期から高度経済成長期を経て、一九七二年には自民党総裁を目指した田中角栄首相の「日本列島改造論」が出て、ベストセラーになりました。記者生活を始めた一九七一年に環境庁（現環境省）が発足。「列島改造」の「土建国家」の行政と自然環境保護というテーマを、いや応なしに背負うことになりました。地方に勤務することが多かったのですが、ゴルフ場開発ブームや工業用地確保のための干潟の埋め立てなどは、転勤先で取材対象になった。今では、遊休化した埋め立て地が太陽光発電の拠点になったケースもあります。

「列島改造論」は、高速道路や新幹線網などで都市部に集中しがちなヒトとモノ、カネを地方に分散させるねらいとされました。交通の便はよくなったが、過疎化はむしろ進行したと言えます。地域社会の仕組みが維持しにくい、「限界集落」も数多い状況です。また電力も火力から原子力への転換がはかられ、「原発銀座」のような地域も生まれた。国内の人口をみると、東京への一極集中が際立っています。大阪や名古屋、九州では福岡市とその周辺の福岡都市圏へ集中。人口の過疎化と高齢化が、これからの大きな課題になることは必至です。過疎化の影響で、空き家の管理などの問題も出ています。

食糧問題を世界のレベルで考えると、飢えに苦しむ人々が数多く存在する。紛争や貧困などが問題を一層深刻にしているもので、食材のことを論議できるのは、むしろ幸せかもしれません。

しかし、ある意味では、さまざまな商品が国境を越えて流通するグローバリゼーションの影響とも言えます。巨額な資金で食材を買い集め、加工して出荷する場合、売れ残りや買っても食べ残す「食品ロス」が出てしまう。今の国内の食品スーパーや外食産業を見ると、大型チェーン店が数多くあります。買い物をする時に、野菜や果物が山盛りに並べてあるのを見ると、「余ったら、どうするのだろうか」と、余計な心配をしてしまいます。

世界の経済の仕組みは、関税をできる限り撤廃して自由貿易の枠を広げる動きが広がっています。今さら元の社会の仕組みに戻るのは難しいでしょうが、地球の温暖化防止策も急務です。温暖化につながらないエネルギー源が開発されると話は違うが、食材を遠くに届けるには、ガソリン車などで化石燃料の大量消費につながってしまいます。エネルギーの消費量を少なくして、おいしい食材を口にして健康に過ごすには、身近な場所でとれた野菜や魚、肉、乳製品などをいただく「地産地消」を増やすのが一番よいと考えるのが当然。人口の過疎化と一極集中の問題を考える時、地方の地域資源をもっと大切に活用する政策がとれないものかと思います。地域の資源は、独特の遺伝子をもつものもあれば、独自の文化に支えられたのもあるのです。

三輪節生（みわ・せつお）
1946年熊本県生まれ。1971年東京外国語大学ロシヤ語学科卒業後，朝日新聞社に入社。主に九州・山口の朝日新聞西部本社管内で勤務。このうち，1996年から1999年までは諫早通信局（当時）に勤務。国営諫早湾干拓事業の取材を担当した。60歳の定年退職後も契約社員として勤務。2013年８月に退職。日本自然保護協会自然観察指導員。
著書に『ムツゴロウの遺言』（2001年，石風社）がある。

食卓《しょくたく》からアサリが消《き》える日《ひ》

■

2015年6月10日　第1刷発行

■

著　者　三輪節生

発行者　西　俊明

発行所　有限会社海鳥社

〒812-0023　福岡市博多区奈良屋町13番4号

電話092（272）0120　FAX092（272）0121

http://www.kaichosha-f.co.jp

印刷・製本　九州コンピューター印刷

［定価は表紙カバーに表示］

ISBN978-4-87415-946-0